古美杯
城市设计
系列丛书

城市家具设计
驱动下的社区更新

COMMUNITY
RENEWAL DRIVEN BY
URBAN
FURNITURE DESIGN

"古美杯"闵行区城市家具创意设计大赛组委会　主编

首届"古美杯"闵行区
城市家具创意设计大赛实践思考录

同济大学 出版社
TONGJI UNIVERSITY PRESS
·上海·

编委会
Editorial Committee

主任

胡明华

学术顾问

柳冠中

学术委员会（按姓氏笔画排名）

丁 伟 李哲虎 吴国欣 何晓佑 林 迅 金江波 赵 健 胡仁茂
徐 江 蔡永洁

编委

杨其景 朱 奕 朱冬梅 李 丽 李映屏 张伟麟 周君咪

编写人员

夏卫标 林 杰 汤蓉燕 倪 懿 马传军 李伦勇 陶立人 王 磊
蔡 琳 刘德亮 彭 义 邱国桥 兑立昊 周红旗 辛长昊

图文编辑

孟旭彦

主编单位

中共上海市闵行区委宣传部
上海市闵行区总工会
上海市闵行区经济委员会
上海市闵行区绿化和市容管理局
上海市闵行区古美路街道

协编单位

上海市创意设计工作者协会
同济大学建筑设计研究院（集团）有限公司
上海应用技术大学艺术与设计学院
上海市闵行区融媒体中心
上海市闵行区文化创意产业协会

竹子用了四年时间，

仅仅长了三厘米，

从第五年开始，

以每天三十厘米的速度疯狂生长，

仅仅用了六周时间就长到了十五米。

其实，在前面的四年，

竹子将根在土壤里延伸了数百平方米。

做人做事亦是如此，

不要担心你此时此刻的付出得不到回报，

因为这些付出都是为了扎根。

人生需要储备！多少人，没熬过那三厘米！

世界正处于变局之中，"双碳"背景下的挑战与机遇并存，中国的产业转型升级迫在眉睫，对数字化、智能化、绿色化的要求与日俱增。

我们要思考，怎样才能实现人类整体生活水平的提升？正如我们要的不是车，而是出行方便。明白人类的本质诉求，我们才能不断优化、不断创新，而不是将产品做得越来越奢华。我们要去定义消费，根据国人的潜在需求提出技术所能适应的性能参数，推进技术的创新、转移、迭代和社会进步！

设计的根本目的是创造性地解决问题。一是解决今天的问题，二是提出未来的愿景。设计应该是无言的服务、无声的导引！在给人带来方便的同时，也要给人带来限制。它不应一味怂恿人，而是应该引导人，提高人的文明程度；不是一味让人享受，而是应该让人学会适可而止。

"设计"可以成为"商业"的"点钞机"，也可以成为"商业"的"净化剂"。

设计是我们因生活或工作中遇到的问题而展开的想象的翅膀，将飞向理想的境界这一愿望化作有计划、有逻辑的行为。这个有计划、有逻辑的行为要基于清晰的"目标"，并能梳理实现这个"目标"的限制，从而将"限制"或"矛盾"转化为"子目标"去实现，正所谓"戴着镣铐跳舞"。

人类之所以从动物的群落中走出来，就在于发现了"镣铐"，并高举起"设计逻辑"的火炬，点亮人类的灵魂，迈开人类进化步伐的两条腿——科学与艺术。

设计不是贪图享乐，也不是追逐个人爱好，而是一种为大众的长远谋划、一种集约的考量。如果我们能本着这些出发点从事设计，中国的未来会更好！

水面平静后才能映射风景，心灵平静后才能反思人生，进而鉴别真伪、明辨是非。只有能在噪声纷呈的环境里，辨别天籁之音者，才拥有"智慧"。大家都感觉到中国现在发展得太快了，我们不能只顾眼前，也要为中国的未来思考。

美是越大越美、越奢越美、越豪华越美吗？

听一场音乐会、参观一次博物馆或许是美，在秋天的夕阳下看一片树叶同样是美，不是一定要到豪华的殿堂才叫美。我们应树立正确的审美观。

我们知道，人类的信息 80% 以上靠眼睛获得，所以人们容易被眼睛蒙蔽。眼睛看到的只是表象，我们看故宫、卢浮宫、圣彼得大教堂，常看到的这些多是帝王、宗教留下来的，民间普罗大众的东西消失了。但人类的几千年文明不只有前者，我们也不应该推崇唯有前者才是美的审美观。

设计并不是一种专业，也不只是一种知识和技巧，它是一种智慧。科学、艺术了不起，但是在没有诞生科学、艺术之前早就有了设计，它是一个古老又年轻的学科，也是一个最有生命力的学科。

时间洪流滚滚而去，旧技术、旧产品必定被新技术、新产品替代，但设计文化可以沉淀，可以被再开发。在全球设计发展的历史长河中，我们要重新审视中国设计，我们要注重中国设计文化的新内容，而不仅仅只看重传统的成果，更重要的是，我们要发现未来中国设计的曙光。中国设计的创新不仅要回顾，更要注重发现；不仅要怀旧，更要期待超越。

设计是人类宝贵的共同拥有的智慧结晶。我们要去创造未曾有过的生活方式，走中国自己的发展之路——建立人类命运共同体，这才是"中国方案"。

艺术家——见自我，科学家——见天地，设计师——见众生。

柳冠中
清华大学首批文科资深教授
清华大学美术学院责任教授、博士生导师
2023 年 11 月

前言 Preface

2018 年，习近平总书记在上海考察时强调：城市治理是推进国家治理体系和治理能力现代化的重要内容。一流城市要有一流治理，要注重在科学化、精细化、智能化上下功夫。既要善于运用现代科技手段实现智能化，又要通过绣花般的细心、耐心、巧心提高精细化水平，绣出城市的品质品牌。

作为城市精细化管理的重要载体，城市家具系统的建设是城市更新领域中的关键议题，是加强城市精细化管理以及解决"城市病"的关键环节。近年来，城市家具课题受到闵行区委区政府的高度重视，古美路街道又进一步形成系统推进城市家具建设的目标和思路，致力于加强城市家具系统建设工作，实施了一系列引领行业发展的重要举措。

古美路街道地处上海市中外环线之间，是闵行区的东大门，面积 6.5 km²，常住人口 16.5 万人，是一个生态宜居、品质卓然的城市社区，也是上海改革开放城市社区建设的缩影，更是闵行认真践行"城市，让生活更美好"理念的硕果。新时代，新征程，面对古美居民需求多元、区域经济发展资源受限、社区治理亟待提高等新情况，闵行区第七次党代会提出，要把古美建设成为"诗意浪漫，有时尚风、烟火气的城市社区会客厅和现代化主城区建设先行示范区"。这个城市社区会客厅和先行示范区怎样打造？城市家具正是一个很好的切入点。闵行近几年始终致力于城区更新和风貌提升，彰显现代城市的人文精神，抓住产业发展的先机，把城市家具作为代表闵行区城区功能品质的重要形象大使。

在这样的大背景下，2022 年 6 月，古美工会提出举办"古美杯"城市家具设计技能比武大赛，"技能比武大赛"是工会的常规工作，但参与面和影响面有所局限，大家提出以"城市家具"为竞赛对象，以培育"创意设计产业和设计师"为目标，以打造"一流设计之都"为方向，举办一场覆盖面广、专业性强的创意设计大赛。此类比赛由上海基层社区主办和承办是前所未有的。

古美路街道将竞赛计划与闵行区委宣传部、区总工会、区经委、区绿容局作了沟通，获得了各部门的一致认可和支持。于是，首届"古美杯"闵行区城市家具创意设计大赛应运而生。除了以上参与策划的大赛指导单位和主办单位，上海市创意设计工作者协会、同济大学建筑设计研究院（集团）有限公司、上海应用技术大学艺术与设计学院、闵行区融媒体中心、闵行区文化创意产业协会等，也主动加入支持单位行列。更加振奋人心的是，大赛请来了中国工业设计界的大师级人物——清华大学首批文科资深教授、清华大学美术学院责任教授、博士生导师柳冠中担任大赛评委会主席，加之上海交通大学、同济大学、上海大学上海美术学院、南京艺术学院、上海应用技术大学等高校教授助阵，形成了专业阵容强大的评审团，为这项大赛增添了热度，吸引了众多优秀设计师参赛。

从 2022 年 10 月 15 日大赛启动，至 2023 年 2 月 18 日终评颁奖，办赛四个月的过程和成果证明，这个"源自技能比武、秉持人民理念、体现城市温度、符合古美气质、引领社会发展、打造城市精神"的活动是非常成功的。

虽然没有前人经验可循，一切从零开始，但古美人、闵行人勇于去尝试、去探索。从发布大赛公告、组织实地踏勘，征集居民意见、落实社区巡展，到举办赛事论坛、发动公众投票、开展专家评审，每一步都力求公开公正、专业严谨、务实高效。征集到的 262 件投稿作品是对主办方精心办赛的最好回馈。最终入围获奖的部分优秀作品的成品，目前已经出现在古美的街头巷尾，实实在在回应了"城市家具，让生活更温暖"这一办赛主题。期望通过融合地域精神和高科技元素，让城市家具为古美注入艺术性和未来感，进而提升居民生活的幸福感，打造更具人文关怀和家园温度的街道。

针对首届"古美杯"大赛的良好反响，闵行区委书记陈宇剑指出："我们要持续放大辐射效应和延展效应，重塑城市家具的文化内涵，赋予城市家具以城市精神，打造更具特色、更有魅力、更为温暖的城市空间，持续提升闵行城市发展的软实力和核心竞争力。" 本次大赛为闵行未来的产业发展指明了方向，找到了一条新的创新发展之路。的确，精致而有内涵的城市家具，会让人产生共鸣，促进情感交流；会吸引商业投资，促进经济发展；会增添艺术气息，促进文化繁荣。通过成功举办本次大赛，我们更深刻地认识到了这一点。

在国家"加快构建以国内大循环为主体、国内国际双循环相互促进的新发展格局"的指引下，未来的古美路街道将在城市家具设计与应用产业这条新赛道上，树立中国式现代化城市家具系统建设的标杆，特别是在重塑城市家具文化内涵的过程中努力弘扬"海纳百川，追求卓越，开明睿智，大气谦和"的上海城市精神，让城市精神有生动的表情和视觉化表达。

本书的出版旨在记录与总结首届"古美杯"闵行区城市家具创意设计大赛的过程、经验和成果。本书以"缘起与发展""历史与创新""经典与新生""竞赛与成果""回顾与展望"五个篇章，总结和思考首届"古美杯"闵行区城市家具创意设计大赛的得与失，并为城市家具产业的发展提供理论研究和案例剖析，力求以翔实的记录、高度的学术性、深度的研究和全面的呈现激发读者对城市家具创意设计的兴趣和热情，促进学术交流和实践探索，推动城市家具产业的创新与进步。期待本书的出版，能够为相关领域的从业者、研究者和教育者提供有价值的参考和启示。同时，我们也希望通过分享大赛的成功经验和成果，为大家提供借鉴和参考，促进全国范围内城市家具设计的蓬勃发展，让大家能有所得益，助推城市家具产业向前跨越。

城市家具设计
驱动下的社区更新

首届 "古美杯"

闵行区城市家具

创意设计大赛实践思考录

目 录 Contents

第 1 章
缘起与发展："古美杯"访谈述记

015

第 2 章
历史与创新：城市家具理论研究

043

第 1 章

缘起与发展："古美杯"访谈述记

CHAPTER 1
Origin and Development: Recollection
of Interviews for "The Gumei Cup"

闵行区城市建设与管理

Urban Construction and Management in Minhang District

01

设计赋能闵行 共创设计之都
Design Empowers Minhang,
Co-Creating the Design Capital

陈宇剑
上海市闵行区委书记

在上海打造世界设计之都的进程中，闵行区应该如何抓住这一机遇，加快推进城市家具的设计与建设工作？

纵观全球一流城市，无不以设计为引领，将日新月异的科技进步与社会需求相关联，点燃创意之火、点亮美好生活。面向未来，上海将以设计赋能经济高质量发展、市民高品质生活和城市高效能治理，着力打造具有国际影响力的世界设计之都。踏上建设现代化都市的实践新征程，闵行将借助上海打造一流设计之都的东风，加速提升城区建设品质，做到有策划、有设计、有主题、有内涵，将鲜活的底蕴和气息赋予每一寸城市街景，嵌入市民生活场景，让幸福美好的生活可感、可及。不断强化"城市是生命体、有机体"的系统观念，尊重城市发展规律，按照生产、生活、生态融合的发展要求，推进城乡融合和区域协调发展。通过面上保基本、点上做亮点，以点连片，精心设计城市天际线和地下空间，打造一批具有闵行特点、符合主城气质、满足市民需求的景观街区、特色建筑和生活空间。积极探索吸引社会力量参与城市更新，统筹推进现代化城市建设和挖掘历史文化价值，建设好人人向往、人人满意的人民城市"样板间"。

在中国式现代化闵行实践的进程中，如何呈现闵行区城市家具的设计特色？

一座城市、一个地区的建设发展，最根本、最持久的竞争力在于它的人文底蕴。在闵行区第七次党代会上，我们提出要坚持用美学眼光、艺术思维、精致手法打造城市空间，精心打造城市家具，体现文化素养、审美能力和艺术追求，让生态和人文成为闵行的靓丽底色。根据《闵行区公园城市建设总体方案》和专项规划，围绕公园城市体系建设、城市副中心建设和城市更新改造方案，聚焦商区、街区、社区，融合体育、文化、健康，打造"五带""十区""百点"。在城市家具的规划、设计、运用过程中，我们始终坚持以人为本、体现人文关怀，让创意设计与群众生活紧密相连，兼顾美观和实用性，兼具时尚风和烟火气。闵行以市民阅读需求为中心选择合适的公共空间进行嵌入式更新改造，植入咖啡、花艺、科普、文创等元素，以"一空间一特色"的理念打造了30家"小而美"的城市书房，实现了全区14个街镇（工业区）全覆盖，全力推进全民阅读生态体系建设。通过打开公园围墙，融合转角的点睛之笔、实用的细微设计等城市家具创意，有机结合人文与自然，深度挖掘和拓展重塑公园城市的文化内涵，让群众在城市中就能享受"诗和远方"，打造更具特色、更有魅力的城市空间，展现闵行独特的文化魅力、浓郁的文化气息和温馨的生活韵味，让城市家具和精细化治理相结合，成为彰显闵行生态人文内涵的"闪亮招牌"。

您认为城市家具在城市发展进程中扮演了什么样的角色？

如果我们把城市公共空间看作市民共同生活的"大家庭"，那么城市中的街区就是这个"大家庭"的"会客厅"，而在"会客厅"里，就需要一些为人们提供公共服务、让人们可以共享的各类设施，如公园里的座椅、道路两侧的灯具等，也就是我们所说的"城市家具"。城市家具作为城市建设不可或缺的一部分，在城市界面中呈现实用、审美和文化传承三大功能。其实用功能主要是着眼于满足市民的生活需求；审美功能在于通过设计者的高超设计理念和艺术造诣，增加市民的生活情趣，培养和提升市民的审美能力，反映时代生活和展望未来；文化传承功能是更深层次的，没有文化的城市，是没有活力、没有生命力的城市；城市家具的出现作为一种文化传播的媒介，可以很好地传递城市的文化和精神，有效地激起市民的共鸣和对地域的热爱。在当前闵行全面开展创新开放、生态人文现代化主城区建设，奋力谱写中国式现代化闵行实践的时代篇章进程中，我们将把城市家具作为以小见大的民心工程，作为全民"美育课堂"的有效载体，在美化城市界面的同时，更让市民享受到有知识、有温度、有情怀的公共文化空间，不断提升闵行的公共文化服务水平。

02

提升空间能级 传递人文精神
Elevating Spatial Quality and Conveying Humanistic Values

胡明华
上海市闵行区委常委、宣传部部长

城市家具作为城市品牌与民生品质的体现，如何体现设计的独特性和文化性？

在城市品牌和民生品质两个方面，城市家具既可以起到塑造城市风貌、提升空间品质的效应，又承担着保障市民安全、有序、舒适生活工作的作用。其独特性和文化性主要体现在以下三个方面：

一是注重以人为本，不同人群对应不同的策略方案。为残障人士提供相关服务的场所，城市家具应该充分考虑残障群体的个体差异。例如，针对视觉障碍人群，要增加触摸功能，在造型和文字表达方式等方面采取个性化设计。这种人文关怀体现的就是一座城市以人为本的价值追求，是城市品牌和民生品质的集中体现。

二是注重功能与艺术价值并重，不同的场景对应不同价值取向。城市家具的功能性与艺术性是不可切分的，通常以二元交互、多维融合的方式，在不同的场景，对应不同需求，呈现不同价值取向。比如在交通领域，城市家具以向用户提供清晰指示为首要目标。而在游览类或休憩类场所，用户的导向需求就没那么强烈，城市家具就需要在听觉、视觉、触觉，甚至味觉等效果上展开设计，在艺术表达上也能有更多的创新空间。

三是注重作品、环境和人的关系，不同环境对应不同作品。阳光明媚使人心情愉悦，阴雨连绵催人心生忧愁，足见环境对人的影响。所以，在思考城市家具从设计到落地的过程中，一定不能忽略作品与环境、环境与人群彼此之间的关系，要留给市民一个积极乐观向上的美好印象，通过作品所透出的气息，来带动周边环境的气场，从而为人群带来气质上的提升。

城市家具建设对于城市特色风貌的展现十分重要，在"智慧城市"和"互联网＋"的时代背景下，城市家具是如何回应这一发展潮流的？

数字化正在以不可逆转的趋势席卷全球，越来越成为经济社会发展的核心驱动力。全面推进城市数字化转型，是践行"人民城市人民建，人民城市为人民"重要理念，巩固提升城市核心竞争力和软实力的关键之举。随着更多的智慧城市家具出现在我们身边，市民的幸福感也在不断地提升。

第一，要推动城市数字化转型向纵深覆盖。"城市家具"是设置在城市公共空间的各类设施，包括信息设施、照明设施、充电设施、自动服务终端等，具有实用、安全、环保、审美等功能。近年来，随着"互联网＋"、云计算、大数据等信息技术发展，各类智慧路灯、智慧公交站台、智能路牌，集成环境监测、信息发布、充电、远程调度等服务设施，提升了城市管理的水平。这些智慧城市家具为市民生活带来便捷，也是构建智慧城市的重要载体。

第二，要实现市民使用体验的最优化。例如西安市将木质凳子升级为智能座椅，具有太阳能发电、储能充电、无线网络等功能；升级改造后的智慧公交候车亭，增加了电子显示功能，并增设爱心座椅、电子监控摄像头及站牌候车亭智能管理系统等，让市民都能用得上、用得好。

第三，要提升城市空间品质与文化品位。在街道、公园、广场、商业区、文化历史街区等户外休闲空间中，城市家具成为环境景观的亮点。而具有智慧特色的城市家具也为城市公共空间建设提供了新思路。天津市重点在锻炼身体的设备上做文章，公园内设置"太极大师"AI武术大屏，市民可以跟着大屏中的提示做运动，智能屏会根据动作进行打分，让运动更加有趣。

城市家具在闵行区推进经济社会发展和精神文明建设中有哪些促进作用？

"德厚闵行，文进万家"贯穿于闵行巩固全国文明城区建设成果的全过程，贯穿于闵行经济社会蓬勃发展的全过程，贯穿于闵行在中国式现代化新征程上生动实践的全过程。城市家具正持续发挥着润物无声的作用。

一是对巩固精神文明建设水平起到重要支撑。城市空间品质提升的具象呈现和城市精神品格塑造的抽象表达需要达到统一。而在这一层面，城市家具对彰显整个城市的精神文明建设水平有着突出的作用和价值。很多优秀的城市家具之所以能成为城市的精致首饰、生动表情，是因为其始终与一方水土所滋养的文脉、文明和文化葆有紧密联系，映照古今，启迪未来。

二是对提升城市治理现代化水平发挥重要作用。闵行区第七次党代会胜利召开以来，闵行区深入贯彻"人民城市"理念，以"绣花针功夫"将"绿化＋文化"建设不断融入城市治理现代化的肌理，在全区大大小小的公共绿地、市民广场、社区空间等各类场所，建设一批兼具设计感、亲和力和实用性的城市家具，构建越来越多的美好生活场景，为广大市民带来更多愉悦感、温暖感和幸福感。

三是为推动地区经济社会高质量发展提供持续动能。本次大赛的优秀作品，可以说是为"古美城市社区会客厅和现代化主城区建设先行示范区"量身定制的。这些作品所表达的创意设计，将不断内化于百姓的日常生活，外化于城市空间高品质提升，折射出的是闵行这座"90后"青春之城所承载的精神品格，为闵行经济社会高质量发展持续赋能。

"古美杯"闵行区城市家具创意设计大赛的成功举办给我们带来了哪些启示？

习近平总书记指出，体现一个国家综合实力最核心的、最高层的，还是文化软实力，这事关一个民族精气神的凝聚。一个国家、一座城市、一个地区，比拼到最后的还是文化底蕴和创造精神，这也是闵行加快推进"创新开放、生态人文"现代化主城区建设的着力点所在。带给我们的启示主要有以下三个：

第一，城市家具创意设计大赛品牌活动的延续和延展，将成为闵行人文之城建设的"闪亮招牌"。古美路街道是闵行区距离中心城区最近且是唯一的纯居住型社区，具有得天独厚的文化优势。从古美到闵行全域，更要充分紧扣本次大赛的人文内核，扩大本次大赛的辐射效应和延展效应，借此深度挖掘、拓展和重塑自身的丰厚文化内涵，进而持续提升闵行文化的创造力、传播力、影响力，以文化软实力提升促进城市能级、核心竞争力提升。

第二，通过一系列优秀作品的转移转化，将为闵行城市空间品质提升赋能。党的二十大报告提出"实施城市更新行动，加强城市基础设施建设，打造宜居、韧性、智慧城市"。如果说城市更新是一个大概念，那么城市家具的创意更新就是一个实实在在、落细落小的生动举措。这次大赛涌现出很多优秀作品，要在之后的设计成果落地上下足功夫，来提升区域城市空间环境的品质，真正激发人与城市空间的温暖交流。

第三，通过城市人文精神的传递传播，将更加彰显人育环境和环境育人的双向作用。让古美乃至闵行更加诗意浪漫、更具时尚风和烟火气，是本次大赛贯穿始终的价值追求。要将作品所传递出的人文精神，转化为一个转角的点睛变化、一个实用的细微设计，潜移默化地在居民当中形成家园共同体的共识与情怀，在人与环境的双向作用中，实现人与社区的深入交融。

03 设计驱动产业升级
Design Driving Industrial Upgrade

上海市闵行区经济委员会

闵行区文化创意产业近年来的长足发展体现在哪些方面？主要由哪些政策和措施推动？

近年来，闵行区的文化创意产业保持稳步发展。截至 2022 年年末全区规模以上文创企业达到 1000 家，以平均每年 100 家的速度递增；营收方面 2022年年末实现 2100 亿元，目前总体平稳在 2000 亿元的体量；规模以上文创产业增加值占地区生产总值的比重逐年攀升，2020 年占比 13%，2021 年占比

16%，2022 年占比 21%，文创产业已经成为闵行区的支柱产业和主导产业。2018 年起，出台的《闵行区加快推进文化创意产业发展若干意见》（简称"闵行文创 20 条"）和 2018—2020 年、2021—2023 年两轮《闵行区文化创意产业发展三年行动计划》，明确闵行区的文创产业重点聚焦在创意设计、网络信息、传媒娱乐、文化装备、文化艺术五大领域，着力打造虹桥国际文娱、七宝文化艺术、紫竹网络信息、浦江传媒演艺、吴泾时尚创意五大发展板块，全面实施政策引导、载体升级、项目推进、品牌打造、人才培育五大行动计划。

无论从规模以上企业数量、营收规模，还是从资产体量、用工人数来看，闵行区的创意设计业在文创产业中的占比持续走高，已成为全区文创产业中最具竞争力的行业板块。2020—2022 年三年间，闵行区共有 95 个项目入围、25 个项目入选"上海设计 100+"。2022 世界设计之都大会工业设计高峰论坛上，闵行区被授予"设计驱动产业实践区"称号。

本次大赛对闵行区设计产业结构调整和产业链的打造起到了哪些促进作用？

用创意设计探索城市的可持续发展，是关于如何打造设计供应链的产业命题，这是一个复杂的系统命题，需要跨学科、多专业、多领域的人才，需要将理想转化为有计划、有逻辑的作为。通过整合制造业供应链来提升产业能级，将创意设计成果有序地应用到城市的公共场景、商业场景、产业场景和生活场景中去，这正是我们推进创意设计与城市 IP 融合发展的产业逻辑。

在政府、企业、高校和民间组织的角色和合作模式上，有哪些值得研究和探讨的方面？

"古美杯"闵行区城市家具创意设计大赛的成功举办，是对如何打造城市家具设计服务模式的有益探索。通过联合政府、企业、高校和民间组织等社会资源，同时充分发动社区、民众参与设计过程，这将为今后的创意设计成果产业转化奠定良好的群众基础。希望大赛组委会能够坚持创意设计服务的产业思维，进一步拓宽赛前资源整合和赛后成果转化的渠道建设，努力把大赛打造成为兼具品牌服务和交易属性的创意设计产业转化平台。

04 构建以人为本的美好城市
Building a People-oriented Beautiful City

上海市闵行区绿化和市容管理局

城市的"美"主要体现在哪些方面?"美"与"实用"之间的平衡方式是什么?

城市的"美"应该是诗意浪漫的,有时尚风和烟火气的。所以我们在古美路街道以"一园、一环、一路"(古美公园,平南路、合川路、顾戴路和莲花路绿道组成的环路,以及万源路)为载体,打造体现"烟火气"和"时尚风"的"乐活古美"15分钟社区生活圈;遵循"以人为本"的理念,寻求文化、空间和人的相互联系,以辖区人群构成和生活方式为考量,设计真正以人为主体的城市家具,从而体现城市的美。

我们把雕塑小品、休闲座椅、景观照明、垃圾箱等作为设计对象,用设计优秀的城市家具激发人与城市空间的温暖交流。展示极具视觉吸引力的优秀作品,形成可憩、可游的宜人空间,让市民回归到轻松愉悦的生活状态。从满足不同年龄、性别、职业、爱好的居民使用需求角度出发,重视公共空间与日常生活的实际关系,加强多用途、多层次的开放绿化空间体系的建设。按照"以人为本"的理念实现"美"与"实用"之间的平衡。

闵行区绿化和市容管理局在城市家具的建设和管理两端进行了哪些部署和实践,以规范设置和管理流程,提升服务和景观品质?

城市家具是指城市中各种户外环境设施,如人们熟知的报刊亭、电话亭、邮筒等都是这座城市的"家具"。由于这些"家具"设施摆放在街头,时间一久难免会出现破损、残缺、不洁等不美观的现象。随着社会的不断进步和发展,有的城市家具已跟不上时代的发展,出现功能丧失、使用频率降低、闲置废弃等状况。

为打造整洁优美、文明有序的城市家具景观容貌,提升城市环境品质,加快建设现代化、国际化的城市环境,上海市决定开展城市家具整治工作。通过开展清理、整治和更新工作,规范城市家具的设置、管理和维护,释放城市空间,提升城市公共服务和市容景观水平,实现城市家具布局合理、设置规范、样式精美、功能完善的目标。

依托闵行区市政市容联席会议办公室平台,组织市容环境第三方服务队伍,每月开展全区市容环境巡视督查,对自行发现的问题和上级查处的问题,开展紧急督办，区分事件类问题、部件类问题，在规定的时限内完成整改，以滚动循环的方式，促进市容环境不断提升。

在城市家具建设过程中，主要面临哪些问题？主要解决手段有哪些？

城市家具建设是我国现代化城市建设的一个重要组成部分，同时也是推进城市治理能力发展和治理体系现代化建设的一个重要载体，这就需要把城市家具建设融入国家的整体经济社会发展中。城市家具是一个城市的基础设施和装置，就像我们家中必备的每一件家具一样。因此，城市家具直接关乎我们这个城市美不美，我们的公共空间舒适不舒适，我们的生态环境宜居不宜居，我们人民的生活便利不便利，我们的城市运行安全不安全，等等。面对以上亟待梳理的复杂状况，城市家具在建设过程中需要回应以下问题：

第一，欠缺科学规划布局。缺乏必要的服务设施，如公共厕所、垃圾桶、电话亭等。我们在设计城市家具的时候应该规划应有的公共服务设施，适当增加设施数量，并通过设计研究对设施进行合理配置。

第二，欠缺设计艺术意境。城市家具设计与街道周围的环境不匹配。在进行城市家具设计的时候，应该充分考虑周围的整体大环境，包括街道、建筑、公园等，让设施的设计能融入其中，成为环境的一部分，而不是显眼的"异物"。这样设计出来的城市家具，既可以起到美化城市的作用，又可以顺应当地文化和生活习惯，更好地满足市民需求。

第三，欠缺个性人文关怀。原有的城市家具未能很好地引入人文关怀理念，缺乏对人性的理解和关怀。人性化是城市家具设计的核心理念，我们在进行城市家具设计的时候应该充分考虑人文关怀，考虑使用者在使用时的不同状态，对他们的使用条件进行分析和探索，并进行人体工程学研究，设计出适合当地居民使用的城市家具，构建"人 - 物 - 环境"和谐共存的环境。

第四，欠缺历史文脉展示。目前城市家具的设计，不是到处照搬、照抄，就是盲目地复古或者赶时髦。这使得城市街道景观和整个城市的环境不相匹配，破坏了城市景观的整体性。设计的时候要充分考虑地域性，设计具有当地特色的城市家具，让历史文脉得以延续。通过研究当地居民的生活习惯、民风民俗、社交礼仪等，总结研究历史文化，将其提炼，取其精华，提炼出当地特色的文化符号，将其融入城市家具设计中。

05 共创美意会客厅 营造设计生态圈
Co-creating a Beautiful Living Room with Design Ecosystem

上海市闵行区古美路街道

我们留意到古美路街道的愿景是打造既有诗意，又有市井烟火的"美意"之地，在这次城市家具设计大赛的主办过程中，古美是如何切实推进城市家具建设进程的？

闵行区第七次党代会提出了要把古美建设成为"诗意浪漫，有时尚风、烟火气的城市社区会客厅和现代化主城区建设先行示范区"。我们提出举办城市家具创意设计大赛的想法也正是应和了这一目标和愿景。在区相关部门的鼎力支持下，大赛迅速付诸实施。2022 年 10 月 15 日至 2023 年 2 月 18 日，历时 4 个多月，共收到海内外选手 262 件投稿作品，16 万人次参与投票评选，投票点击量达 51 万人次，开展社区巡展 24 次，群众参与 7.2 万人次。这一组组数据的背后，是社区居民对城市品质的期待。

大赛结束不是终点，而是在更高起点推进城市家具建设的开始。我们将参与赛事的专家、学者、企业、社团、高校等联合起来，组建了社区更新设计联盟，形成古美城市空间品质提升智囊团和专家库。通过组建社区设计师沙龙，构建设计师和文化创意人才的社交群，打造设计师会客厅和孵化器，持续扩大古美设计"生态圈"的影响力、号召力和凝聚力。接下来，我们还将制定《古美路街道城市家具建设指南》，对整个街道城市家具进行系统规划，推动古美城市家具的产业化发展和内涵化建设。

大赛的设计场景——"一环一路"（平南路、合川路、顾戴路和莲花路绿道组成的环路以及万源路）和"一园四角"（古美公园及其周边四个角）是我们后续打造的重点，依托有颜值、有创意、有内涵、有温度的城市家具，让这一区域焕发新的活力和光彩。

有哪些能帮助城市家具创意设计与群众生活紧密联系起来的策略？

这次大赛，有众多的优秀作品投稿参赛，评委专家们更是甄别遴选、好中选优，面对大众对生活空间品质提升的热望，未来我们会在设计成果落地上持续努力，真正用这些饱含睿智与激情的城市家具提升社区空间环境的品质，激发人与社区空间的温暖交流。

下一步，古美将打造"城市家具公园""双年展"和"城市更新示范街区"，将设计创意变成居民生活空间的组成部分。一是打造闵行区城市家具公园。挑选一批大赛的优秀作品，进行深化设计，在古美公园及公园周边道路、绿化、商业商务园区等公共空间内进行展示运用。二是举办城市家具双年展。结合"上海城市空间艺术季"活动，展示优秀城市家具实物、模型和图片，开展论坛交流、设计比赛、墙绘共创、艺术体验、文化集市和社区巡展等活动，宣传城市家具文化，丰富百姓生活。三是建设城市更新示范街区。以古美公园、顾戴路地铁站、学校和社区医院、商业等为载体，建设"回家之路"的美丽街区场景，作为"世界城市日"案例，展现古美 15 分钟生活服务圈。

我们的目标是"树中国式现代化城市家具系统建设标杆，打造闵行（古美）方案、全国示范，彰显中国品质"，努力把古美建设成为城市家具的标杆性社区。

对于设计产业来说，如何提升古美路街道招商引资的吸引力？

如何以此次大赛为起点，在人育环境和环境育人的双向作用中，优化营商环境，进一步让广大优质企业与社区共成长，值得我们更多去思考、探索和实践。古美正通过城市家具标杆性社区的打造，慢慢形成家园共同体的共识与情怀，基于此，未来古美的招商引资环境将更加富有人文关怀和可持续发展潜力。

在城市家具设计产业发展方面，我们将着力建设"两园区""一平台"。一是建设古美城市家具设计园区。作为全区第一个城市家具设计产业园，首批计划入驻城市家具国家标准制定机构、相关行业组织、名家大师工作室、城市家具龙头企业、城市家具专业设计顾问公司等。二是建设古美青年创业园区。引进同济大学、东华大学等高校学生创业实习团队，建设一个成本适宜、政策好、要素全、便利化、开放式的众创空间，孵化一批小微企业，培育创业生态，以创新推动创业、带动就业。三是建设可持续发展"产学研用"平台。坚持政府引导，搭建"政府＋企业＋社会组织＋研究机构"、集"产学研用"于一体、多方共赢的合作平台，吸引社会资本和行业资源，开展产业培育、企业孵化、学术论坛、沙龙交流等活动，逐步形成可持续发展、生命力强的运行机制。

城市家具设计与城市更新

Urban Furniture Design and Urban Renewal

01

城市家具设计的在地性
The Localization of Urban Furniture Design

赵健

教授，上海大学博士生导师，澳门科技大学博士生导师，广州美术学院原副院长；广州美术学院学术委员会原主席；中国室内装饰协会副会长；中国美术家协会平面设计艺术委员会副主任；中国高等教育学会设计教育专业委员会副主任。

您怎么解读"城市设施"与"城市家具"这两个概念？

首先，"城市设施"与"城市家具"这两个词产生于不同的人群。实际上，"城市设施"是行业造词，换句话讲，是城市管理者的造词；"城市家具"则是改革开放之后，自下而上地，民间为了表述方便而合成的词。家具本身是室内空间概念，而城市家具却是一个室外空间概念，但即便这个词的表述不准确，其词义多数人还是能明白。

其次，城市设施属于技术领域范畴，强调技术优先，是系统集成；而城市家具，强调情感优先，是文化集成。它们之间的区别，打个便于理解的比喻：城市设施类似于不动产，而城市家具类似于动产。这是我自己对城市设施和城市家具的一个小小的解读体会。

作为评委，您对本次"古美杯"闵行区城市家具创意设计大赛作品的评审标准是什么？

林迅教授说过，城市家具的设计是在地化设计，我以在地性为基础，把涉及的问题作三段区分，分别是城市家具的在地设计的形而下、形而中、形而上。

第一，城市家具形而下的在地性。

首先，城市家具对于在地的街坊，应该像家里的枕头一样，人们习惯于它的存在，睡觉的时候使用，不睡觉时会忽略并忘记，既不会造成负担，也不会让人惦记。其次，形而下应该体现在所有的设计成果中，应该是少打理、少维护的，甚至不用维护。最后，对于竞赛的组织者、政府、街道而言，形而下的意义还在于设计竞赛成果的可制造性、可落地性、经济性等。比如，能否批量生产，能否以最少的安装环节、最常规的安装方法完成等。

第二，城市家具形而中的在地性。

首先，由于城市家具不是为某个人、某个家庭量身定制的。所以，我们在设计和评审设计成果时，首先要想到使用和感官的最大公约数，也就是在地街坊能形成共识的最大宽容度。其次，城市家具在使用上应该是功能综合、用途多样的。尽管竞赛的场景是古美路街道，但设计也应该具有差异化和巧思，这样才能形成形而中的核心，构成古美区域城市家具的品牌效应和品牌调性，既有积极的商业促进的意义，也有市民自我身份认同的意义。

第三，城市家具的形而上的在地性。

在评审环节和政府最后的定稿环节，在满足前面所讲的条件后，就可以考虑形而上的在地性了。上海作为设计之都，在率先取得城镇化率超 80% 的大前提下，城市更新的内容目前更多针对的是旧城。通过这次城市家具设计竞赛活动，我们对上海的旧城改造更新应尽力作出更多的贡献。

目前，整个上海在规划部门登记在册的旧城改造项目占地面积达到了 280 km²，这足以让今后 10 ～ 20 年间，上海的设计行业、设计教育行业、城市管理行业的从业人员把自己的本领、技能展现出来。同时，从业者也必须思考如何从创造新的，逐渐转化为以旧换新。

"古美杯"闵行区城市家具创意设计大赛也是对此的回应。具体来讲，这次家具设计和家具评审的关键点就在于：如何在情感和技术之间、在新与旧之间、在批量和定制之间、在好玩和好用之间形成很好的缝合和连接，构成特定时代所谓的"新""高""尖"。

闵行区的城市家具设计应该如何实现独特的发展路径？

上海目前通过杨浦滨江、徐汇滨江、北外滩、陆家嘴滨江的建设，已经完成了宏大尺度的沿江城市家具的迭代，无形建立了一种品质的标准。而闵行区位于上海中部地区，与刚才讲到的这些区域相辅相成，其城市家具的设计既应当延续其他先行区域的品质标准，也必须体现出自己的特色，符合自己的实际需求。具体来讲，闵行区的城市家具设计应该是近人尺度的，也需要跟古美路街道常住居民的基本调性和基本构成形成一套相适应的设计逻辑。

您对"古美杯"竞赛和闵行区的建设有怎样的期许？

如果有可能，"古美杯"可以定期举办活动，比如两年或三年一次。因为城市家具是动产，总体属于文化范畴，如果能变成一个定期活动，那么通过不断推动迭代、发展、创新，"古美杯"城市家具创意设计大赛也将成为古美路街道、闵行地区的文化品牌。

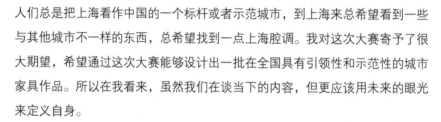

02 城市家具创新设计的未来导向
The Future Orientation of Urban
Furniture Innovation Design

在上海全力推进创意设计产业发展和建设世界一流"设计之都"的背景下，您对上海城市家具设计的未来发展有怎样的思考和建议？

何晓佑

南京艺术学院教授、博士生导师，中国工业设计协会特邀副会长兼设计研究专业委员会主任；中国美术家协会工业设计艺术委员会副主任；中国高等教育学会理事兼设计教育专业委员会副主任；江苏省第十届科协委员，江苏省工业设计学会理事长，江苏省美术家协会设计艺术委员会主任，江苏省工业设计学科首席科技传播专家；澳门科技大学兼职博士生导师；山东工艺美术学院"六艺学者"。

人们总是把上海看作中国的一个标杆或者示范城市，到上海来总希望看到一些与其他城市不一样的东西，总希望找到一点上海腔调。我对这次大赛寄予了很大期望，希望通过这次大赛能够设计出一批在全国具有引领性和示范性的城市家具作品。所以在我看来，虽然我们在谈当下的内容，但更应该用未来的眼光来定义自身。

未来学家埃利雅德（Peter Ellyard）曾说过："未来不是我们要去的地方，而是我们要去创造的地方。"现代社会已经进入信息化、网络化、数字化、智能化、虚拟化的时代语境中。从互联网到移动互联网，再到未来的元宇宙，我认为这并不是要把我们带到一个完全虚拟的世界中去，而是意味着一种新的、时代性的技术革命即将拉开序幕，所以在这样一种语境下，我们要融入人性化、艺术化、科技化，共同构建上海的城市家具面貌。

在新技术和新理念的引领下，城市家具有哪些具体的设计发展方向？

关于这个问题，我想简单分三个方面阐述：

第一，把基础功能向智能化、自动化方向扩展。也就是在进行城市家具设计时，是否可以对传统的城市家具在技术层面做一些功能化的延伸？比如，街区中的路灯不仅是路灯，是不是可以成为城市区域的空气净化器，兼具空气净化功能？垃圾桶不只是垃圾桶，而是一个垃圾接收口，丢进去的垃圾被输送到地下，在地下空间进行垃圾处理；休息座椅等公共设施，同时也可以是充电器，市民朋友在户外长时间活动，手机电量不足就可以通过椅子充电；还有公共信息屏幕或公共信息柱等城市家具，都可以在智能化方面进行扩展。

我们能不能再做一些城市移动家具，或者说新型城市家具。比如智能化移动厕所，如果要上厕所，可以使用无人驾驶的移动厕所，不用人去找厕所，而是让厕所来找人；移动自助医疗服务平台可以跟医院连线，提供咨询和治疗。

第二，进行基础功能的文化扩展。让我们的城市家具具有复合功能，比如座椅不仅是一个可供休息的凳子或椅子，同时也是一个书刊报纸交换器，利用椅子的下部空间，人们把看过的书放进去，取出感兴趣的书报，以此进行交换；多功能的信息亭、路灯可以成为音乐播放器，走在街道上仔细听，会发现整个城市是有背景音乐的。像这样的设计，可以实现文化功能的扩展。

第三，进行基本功能的场景化扩展，也就是把区域文脉、造型美学与整个区域景观一体化设计，以高度艺术化的方式来呈现，使人一看就知道是这个区域的城市家具，就像从地里长出来一样，而不是置入批量加工的家具。所以，如果我们对现在的城市家具做一些智能化、人文化、场景化的扩展，它所呈现出来的面貌，就会与现存的城市家具截然不同，能够成为全国的样板，也能达到大赛的目标——"设计赋能，点亮生活"，以此对建设上海设计之都、提升古美社区品质作出贡献。

03 城市家具 3.0
Urban Furniture 3.0

我们如何在城市创意设计大赛的家具元素中既体现老百姓的生活温度和生活品质，又体现它的烟火气，同时展现上海大都市的设计质感？

金江波

上海大学上海美术学院副院长、教授、博士生导师，上海市文联副主席，上海市创意设计工作者协会主席，上海市第十三届政协常委。

我是闵行人，所以古美也是我的重要会客厅区域，古美在人居环境的打造方面先行先试，围绕着居民的获得感做了很多工作，古美的人居环境和生活幸福指数都相当高。这次举办"古美杯"城市家具创意设计大赛，某种程度上也是"十四五"规划中，城市追求高质量发展的一个缩影。

我在高校任教，同时也是艺术家、设计师，在做设计的时候，一般首先考虑用户的体验，也就是居民怎么获得体验感。

第一，城市家具设计首先是给人用的，要以人为本，观感、体验感和温度感，都是设计师需要思考和追求的。

第二，城市家具设计也是一种理念的表达和一种哲学思想的反映。所以，提炼在地的设计符号、设计形象，也就是文脉，是我们所要遵从的原则之一。不少设计师希望通过文脉角度，把这里的历史唤醒，从而获得居民的认同感。情感的认同建立在人和地理信息、历史和时空维度相吻合的基础上，这些是设计师要充分发掘的内容，评审的时候也遵从这些原则。

第三，城市家具设计要从人的生活方式，从环境和人的需求出发。设计师要深入研究当地居民长期形成的独特生活态度和生活方式，设计中要考虑空间的地理环境因素，因地制宜。

进入数字时代，城市家具未来应该向哪些方向延伸和发展？

进入新的数字时代、虚拟世界，城市家具不仅可以在品质、功能、态度上有所反映，还能够延伸出一些特定服务，比如适老化、大数据等，可以为居民提供更多便利。比如，有些城市家具可以通过大数据的方式来采集人的血压、血糖、心跳等，为一些老年人量身定制数字化的功能模块，这是一种城市家具的温度，是为居民提供的公共福利；又譬如为跑步、散步的人群设置一些饮水点和休息处，这些城市家具在后疫情时代和未来数字化生活中是公共设施的载体，也是为社群服务的重要功能媒介。

在城市环境中，城市家具和公共设施的概念和属性有何联系和差异？如何更好地理解这些概念，以便为城市的建设和更新作出贡献？

公共设施和城市家具定位在城市治理的不同阶段，呈现出的是不同形式和形态。城市家具应该是城市社会基层治理的 3.0 版本。1.0 版本，包含公共空间、绿地、停车位等；2.0 版本，包含休闲广场、长凳、分类垃圾桶、漫步道等；3.0 版本是社交区域的城市家具，是让人们在公共空间享受社区温度的实体，是社区精神文化交流的平台。

在城市更新中，城市家具设计更像针灸式的疗法，它不是系统性的改变，而是要在当地重新塑造一种人文环境、人居文化的生态关系。它所提供的是最契合当地居民需求的触摸感、融入感、幸福感，能体现人的情感反馈，还需要设有为特殊人群量身定制的功能。经打造后，它将成为一个公共交流的舞台。所以，根植于文脉的城市家具不能搬到其他地方去。

城市家具在城市文脉中扮演着什么样的角色？设计师们需要如何思考城市家具在城市空间中的作用和属性，以适应不断变化的城市和居民需求？

首先，我觉得家具这两个字，诠释了我们在社区里如何进行设计和更新、如何以社区为家来布置家具的概念。家有会客、社交乃至表达生活态度、体现生活质量的功能，所以，城市家具的设计，要体现亲情的连接，要使得社区居民能够通过家具的重新配置和再设计，回到社区的公共空间中，加强居民之间的联系。这可以通过举办一些聚会、烧烤活动、儿童交流等来实现，让这些家具满足社区居民的社交需要。

其次，当地的人群结构、人文素养、职业和年龄都是城市家具服务使用者的重要参数。在相应的参数条件下，人们可能会觉得漂亮但冷硬的不锈钢家具不适合 60 岁以上的老年人使用，需要更有温度感的设计元素。在儿童较多的社区，需要针对儿童进行设计，比如设计游乐设施，增加色彩感，减少尖锐物等，这些都是设计师要考虑的因素。

最后，还需要增添一些活力和热情，从设计中感受古美的气韵。这些可以通过城市家具的艺术氛围营造、创意设计的表达来构建。我有一次去加拿大，访问当地移民综合社区里的艺术家和设计师驻地，有个秋千令人印象深刻，小朋友坐上去能边摇边发出乐器的声音，有钢琴、口琴、笛子等各种声音，小朋友们放学后到那里摇一摇，就奏出了一部交响乐，这个社区的活力、温度因此绽放。这种设计需要艺术创想的介入，切合居民的情感表达需求，让社区更有凝聚力和活力。

04 功能与精神需求的统一与融合
The Unity and Integration of Functional and Spiritual Needs

林迅

上海交通大学设计学院教授、博士生导师、院学术委员会委员，上海美术家协会实验艺术委员会副主任。
曾任上海应用技术大学艺术与设计学院院长（2015—2020）、校学术委员会委员，英国利兹大学设计学院客座教授，英国利兹大学国际纺织档案博物馆高级访问研究员，澳门科技大学人文艺术学院兼职教授、博士生导师。

在设计城市家具时，科技性和智能化能否形成一种融合的平衡，以满足人们的日常需求和城市环境美化的要求？"古美杯"闵行区城市家具创意设计大赛为我们提供了哪些实践经验和启示？

习近平总书记说："人民对美好生活的向往，就是我们的奋斗目标。"

为何要设计城市家具？我的理解是，当下社会的文明、物质等方面发展到了相应阶段，人们对生活有了更高追求。我在家经常会讲，吃饭要有吃相，要有"腔调"，我相信在饭还没吃饱的时候，人们不会讲究吃饭的"腔调"。那么，反过来，当我们开始需要设计城市家具的时候，其实也就说明我们发展到更高需求的阶段了。

眼下，各方面都在尝试追寻精神需求。本次"古美杯"闵行区城市家具创意设计大赛，首先满足的是功能需求，但同时人们还有很多精神需求。尤其是古美路街道，其百分之六七十人口的职业与高校、教育有关，我想，这些居民对城市家具会有更高的要求。所以作为回应，这次大赛基本体现了设计赋能、提升生活的宗旨。古美路街道作为整个闵行区，乃至整个上海的样板，在推动上海城市家具设计的发展上起到了很好的示范作用。

请您从设计师的角度出发，谈一谈城市家具设计的首要出发点是什么？如何结合古美社区具体情况进行设计？

作为设计师，当接到任务后，首先要考虑为什么设计，为谁设计。考虑到古美社区的市民构成、经济状况、教育背景等，为古美设计的方案与为别处做的设计方案肯定是不一样的。因此，所有的设计都应首要考虑为谁而设计。

设计首先要满足市民的需求，在满足需求的同时再融入引领性的东西，如新兴科技、新理念等。所谓再设计，最终还是要回归原先的人的需求，也就是市民的生活状态、文化结构、生活水平等，然后了解目前的这些城市家具对使用者来说，他们满意在哪里，不满意在哪里。

每处空间环境，有其共性，也有其特殊性，古美路街道是这样，别的小镇也是这样。设计师都要以当地居民的需求为出发点，用设计来回应他们的要求。概括来说，城市家具的设计要因地制宜，要从具体的在地因素出发。所以，设计既是创造，又是满足他人的需求，而这些需求往往体现在多方面，既是物理空间的，又是精神空间的。

城市家具和公共设施在内涵、外延上有何差别？两者的基本属性和作用是否有所不同？

城市家具从某种意义上说，功能是首要的，公共设施也好，垃圾桶也好，护栏也好，都是功能性的，但是发展到一定阶段，不仅有功能的需求，还有文化的需求，因为人的需求还需要实现精神层面的满足。所以从广义上讲，城市家具回应的不仅仅是城市的功能性需求。

05 回归自然与人本的设计
Design Is Nature-oriented and Human-centric

徐江

同济大学设计创意学院教授、博士生导师，现任同济大学设计创意学院教学副院长、"设计工程与计算实验室"主任、设计战略与管理方向负责人，教育部"具身智能穿戴人因工程实验室"主任。兼任中国工程院战略咨询研究专家、同济大学高水平科学研究能力提升指导专家、中国机械工程学会工业设计分会副秘书长。

"古美杯"闵行区城市家具创意设计大赛对于提升市民艺术生活水平起到了实际的引导作用，城市家具设计如何在艺术性与实用性、浪漫与现实、科技与智能化等方面,达到完美的平衡点？

第一，城市家具应该从社交的角度来诠释，它应该成为一种社交的家具。现代社会非常强调线上社交，我们逐渐被技术撕裂，工业化程度越来越高，但我们对自己的生存和生活状态的关注度反而不够。所以我们最近在研究的过程中发现，要从工业文明过渡到后工业文明，甚至过渡到后人类时代，就是要从数字化回归现实，让社交保持一种平衡。

第二，智能化不是把我们从现实搬到虚拟当中，应该是让更多时间回到现实，因为人最终还是生物和物理的人。从这个视角来理解，我们的城市家具可以让更多的孩子，让更多的教育活动回归自然。智能化最终还是要回到人的身体、人的生物状态需求中去。

第三，一个区的公园数量，决定了这个区的生活质量；一个区的城市家具的使用频率和使用质量，也反映了这个区居民的生活状态，这是和居民的健康状态紧密联系的。我认为城市家具设计的好坏，反映了居民的生命、身体的健康状况，如果我们都宅在家里不去社交，不走出去看看，实际也反映了心理和身体的失衡。

您认为哪些设计因素推动了城市家具的演化？设计中最重要的考量是什么？

我认为设计的尺度只有一个，那就是人，我们和城市家具的关系，不是身体之外的东西，而应该是身体的一部分。无论智能进化到什么程度，身体进化到什么程度，我们自己都是设计的唯一尺度，也是最有效的一个尺度。

这个尺度可以是生物的、物理的、社会的，有了这些尺度，就能够把有意义的日常生活纳入进来。古美有非常好的科学、技术和城市管理手段，但是把背后每一个市民家庭、每一个社区大数据的生活轨迹和意义充分挖掘出来，使之服务于城市家具的设计，这应该是大有文章可做的。

城市家具与公共设施旨在增强城市空间的实用性和美感，并提供便利性和舒适性，两者的区别和联系是什么？

首先，我们可以回到上位概念中去，因为设施是一个上位概念，我们在语言学中叫上位词。乔布斯在设计手机的时候，没有想着去模仿诺基亚，他想的是要做一个移动通信的工具，而不是要做个手机。大疆在设计相机的时候，也不是想去做一个相机，想做的是一个延伸人眼的设备。做设计时，一个有效的方法就是回到上位概念中，以获得更大的创造空间。

其次，城市家具这四个字，其实是矛盾的。因为家具本身应该放在一个封闭的空间里，但是现在把它搬到了一个开放的空间中，所以它是一个矛盾体。这个矛盾体会出现，部分原因也在于，在当前技术改造世界能力增强的情况下，我们和周围的自然环境、其他居民、周边社会，其实是处在一个相对交融的状态。所以设计师，包括我们在学校从事设计专业教育，都需要反复练习把握住这样的一个矛盾来创造更加符合市民需求、符合大家生活需求的人造物。

06 融入城市文脉 回归人文内核
Integrating into the Urban Context and Returning to the Humanistic Core

胡仁茂

同济大学建筑设计研究院（集团）有限公司都境建筑设计分院院长。

您认为我们应该如何通过"古美杯"闵行区城市家具创意设计大赛，将城市家具设计元素与上海大都市的文脉相结合，兼顾老百姓的生活温度和生活品质，并体现城市精神和活力？

首先，我感到非常荣幸能参与"古美杯"闵行区城市家具创意设计大赛的活动。同济大学建筑设计研究院本来就是城市家具设计的参与者，所以我日常工作中的相关课题研究也经常会涉及这个领域。

家具设计关注功能、文化、精神、参与感，以及数字化、智能化等方面，这些也是设计师平时做设计时需要关注的基本目标和基本内容。我认为，城市家具最核心的（功能）还是扮演日常生活中伙伴一样的重要角色。所以城市家具在我们社区居民路过、观赏、参与使用的过程中，能给人更多亲近感，体现出一种烟火气、一种情感、一种文化，同时也是一种艺术的品鉴能力。区域居民的构成、生活状态、所处阶段、在地环境，都是有差异性的。所以，在普适性的前提下，设计师要更多地沉入街道和居民真实的生活，沉入使用者、体验者的真实情感中，设计师需要从这个角度出发。此外，相关的技术、材料、设施等各方面也都在不断进步，推动着城市家具设计的前进和发展。

城市家具在城市设计中扮演重要角色。除科技之外，还有哪些因素会影响城市家具的发展？如何挖掘这些因素，创造更好的城市家具？

无论什么思想，什么概念，或是找什么样的灵感，这些都是手段。从设计的角度出发，从设计师的角度出发，城市家具不在于尺度大小。在设计创意中，大家需要关注的核心还是使用者的体验、使用者今后的感受。我们设计出的内容，无论是从文化角度、艺术角度，还是技术角度，一定是为使用者的良好体验服务的。

智能化也好，科技也好，都是用最先进的东西来回应一个核心，即人的诉求。不同的概念就会对应不同的思路。现在各种各样的创意思想、创意主题很多，但万变不离其宗，最后呈现的都是人的体验、情感交流和烟火气。

城市家具提供的大多是一种场所化的体验，人在这个场所中的互动是对人的体验的回归。现在智能化、数字化概念都很超前、很时尚，但并不是一定要用这些最先进的东西把人"装"进去，这会导致很多问题。城市家具设计更需要的是营造温暖社区、温暖街区，让人回归真实的人的生活。

城市家具和公共设施作为环境系统和综合管理的基本属性，能够反映城市的精神和文化内涵，是否可以将城市家具和公共设施的概念视为等同？

城市公共设施和城市家具两个概念是不相等的。城市公共设施的概念更宽泛，系统也比较庞大，它的内容涵盖城市公共服务的所有体系。

我认为城市家具是包含在公共设施概念中的，是其中的精品部分，其涵盖的是与日常生活息息相关的各种服务、体验等。所以是两个不同的层面。

蔡永洁

同济大学建筑与城市规划学院教授、博士生导师。

07 城市广场空间构建三要素
The Three Essential Elements in Urban Square Design

您从什么时候开始研究城市广场这个课题？关注这个领域的缘起是什么？

因为我刚到欧洲时，发现欧洲和中国的城市有个巨大的区别：欧洲的每个城市都有广场，而中国城市在传统中是没有广场的。这就引发了我的兴趣，通过研究文献发现广场在欧洲城市建设和城市空间中起核心作用。在撰写博士论文时，我毫不犹豫地选择研究城市广场，且因为对历史也感兴趣，就开始研究广场历史的演变。

东西方在城市广场方面的文化差异非常大，这取决于怎么定义城市广场，城市广场概念受近现代西方影响，日本人先用"城市广场"这个词，大概在民国初年中国人把它引进过来，英语为 plaza、square，德语叫 Platz，square 是方的意思，形象地描绘了广场应该具有的形态。

城市广场的定义首先是社会学的，其次才是空间学的。不是所有具有广场特征的空间都是城市广场，比如北京故宫太和殿前的空间，我认为只是院子，城市广场一定是所有人都可以去的，发生的活动一定是多样的，而不只是大臣穿着朝服去朝拜皇帝才穿过它。还有故宫，从金朝到清朝的"千步廊"，是一个 T 形平面，四周用高墙围合起来，以创造崇高的氛围，大臣上朝时会慢慢走过它。这两种空间形式跟西方的城市广场完全不同。

在城市广场空间中，城市家具有怎样的地位和作用？

我发现研究城市广场空间构成时，有两大被反复谈及的物质要素：一个是"基面"，即人站立的地面及竖向变化等；另一个，我把它称为"边围"而非建筑立面。这两个专业词语，是我从德语翻译而来，因为当时找不到合适的中文对应词语，就组合了这两个词。

我在阅读中发现了广场家具的重要性，一个家具有可能是一座广场建设的起因，换言之，一个城市家具的重要性可能大于基面，也大于边围。卡比尔多广场（Plaza del Cabildo）就是受教皇委托，为了在广场中放一尊骑士雕像，所以需要设计一个广场。这就带来了我对广场空间要素认知的拓展，除了那些结构性的元素——基面很重要，不然人没地方站；边围很重要，不然广场围不起来——还需要注意到家具层面的非结构性要素。我更多的是从社会学、环境行为学的意义去研究，所以我把广场空间构成三要素——基面、边围、家具，作为我写博士论文的基础。

在这个理论基础上，您对城市家具进行了哪些深入研究？

2006 年我撰写完成了《城市广场》一书，在前面的理论基础部分搭建了一个框架，但我一直深入研究。正好我的学生刘韩昕对城市家具课题感兴趣，他提出应该进行环境群体的研究和社会学的理论认知。比如，很多普通的城市家具实际营造了一个私密范围，例如 1.5 m 宽的座椅，一对情侣往那一坐，别人就不会过去坐，它划定了一个私密范围。我们在社会学和空间行为的观察中，会发现城市公共空间里由家具构成的具有私密性的领域，反而有助于公共空间的划分，这看上去是矛盾的，其实是相辅相成的。也就是说，公共活动和具有一定私密性的活动是互补，甚至是互为前提的。我们想说明这个社会学的定论，需要借助社会学、环境行为学的案例调研。当时指导他（刘韩昕）写博士论文期间也衍生出更多研究成果，包括历史研究、环境行为研究和空间研究等。由于我近几年的研究转向，下一步我计划写一本内容更全面的关于城市细胞的专著。

城市家具设计实践与思考

Urban Furniture Design Practice and Reflection

01

用创意点亮古美
Illuminating Gumei with Creativity

参赛者：张慧
参赛作品：沿途的小确幸

您是怎么知晓本次大赛，并决定参与的？

我知道这个竞赛已经是 2022 年 11 月底，之后进一步了解到承办单位和评委会具有专业水准，参赛规模也比较大。参加这次大赛会是一个非常好的机会，既能展现团队的设计能力，又能与其他专业设计师交流学习。所以我们决定参与这次大赛。

您的作品获得了评委的认可，请问针对这次大赛您进行了哪些思考？

感谢评委会和主办单位对于我们设计作品的认可和评价。希望我们的设计能助力古美新地标建设，使其焕发新的活力与光彩。创造城市里一道独具一格的人文风景线，是本次大赛的初衷，我们在设计的时候也是从这个立意出发，采用现代简洁风格的同时，也更加注重作品的实用性、标识性、落地性，并增加了一些人性化的处理。此外，每件城市家具都有古美 logo 的小细节暗藏其中，它们会出现在古美的街角、公园等处，为街区增添风采，为居民提供便捷。

在参与本次大赛全过程中，有什么令您印象深刻的故事？

大赛中最令人印象深刻的事情，是我们对设计的热爱与坚持。在 2022 年 12 月的方案设计阶段，大家的身体都先后出现了不同程度的不适，但本着对设计的热情和完成整套作品的坚持，我们接力完成自己的设计内容，也在身体状况恢复后充分讨论、努力完善了这套城市家具的设计，创作出了我们心中的古美城市家具。最后在决赛中有幸获得奖项，是对团队所有成员设计能力的认可，也是对我们的激励。在城市更新进程中，我们将持续探索人性化、设计感与落地性兼具的设计理念。

02
创建系统性设计策略
Creating a Systematic Design Strategy

参赛者：马宇虹，钱栎
参赛作品：连·动古美

你们是怎么知晓本次大赛，并决定参与的？

我是通过同学推荐得知本次大赛的征集情况的。此次"古美杯"所征集的参赛作品内容是我们团队一直在研究和深耕的领域，而且为古美社区做的参赛作品是能够落地的，也是能够切实提升居民生活品质，我们对此很感兴趣，也很受鼓舞，所以决定参加此次竞赛征集。

你们的作品获得了评委的认可，请问针对这次大赛进行了哪些思考？

首先，我们是从系统性的角度来思考古美社区的环境提升设计。在现场踏勘的过程中，我们发现古美社区的设计地块以居住用地为主，街道底板状况良好，有丰富的滨水空间和市民活动空间，但也同样存在城市家具年久老化、成品类城市家具采购系统性不强、缺乏古美特色等问题。因而，针对这些现实层面的机遇和挑战，我们提出了系统性环境提升的设计策略，即通过"休闲生活、娱乐健身、生态家园"三大生活场景，系统性考虑日常生活中的休闲、娱乐、交往、教育等方面所涉及的城市家具产品，从而达成"统一形象、补充功能、优化体验"的主要设计目标，并期望通过"有形的"城市家具设计带动古美社区在文化、品牌、氛围、社区邻里关系、区域经济、风貌等方面的无形提升，从而以街区环境提升带动并促进社区品质与活力提升，形成良性循环系统。

其次，在视觉与造型的设计上，我们希望在提升环境整体性之余，亦能进一步建起人与人之间的交往关系，而这也是我们的作品主题"连·动古美"的灵感来源。一方面，我们希望新的城市家具能够和已有的城市家具建立联系，形成整体性；另一方面，我们也希望借由这些城市家具能增加人与场地、人与人之间的互动，以城市家具的微更新带动社区品质和活力的提升，而街区综合品牌的提升也将有利于促进环境的迭代更新，形成良性的社区发展闭环。

最后，我们突破已有类型的功能限制，从用户的使用场景中挖掘新的使用功能和互动关系。例如，我们将社区品牌形象与儿童游乐设施的概念协同考虑，针对古美社区的空间绿地优势，设计了一套小尺度的、能够灵活布置并能彰显古美品牌形象的儿童游乐设施，填补了儿童游乐设施数量上的不足，同时也活化了场地的整体氛围，增强了社区活力。再以我们设计的生态设施与识别系列产品为例，古美社区有非常优秀的生态空间，以此为契机，我们设想了一种让居民了解自然、亲近自然并与自然互动的设施，它一方面可为鸟类、昆虫等生物提供生态保育的场地空间，另一方面也可增加人与环境场所的互动界面。

全程参与本次大赛，有什么令你们印象深刻的故事？

古美社区的各级领导对此次竞赛的重视，以及对公众参与意见收集的注重都令我们印象深刻。从方案征集之初的参赛者作品征集方式、大众参与网络投票，到线下社区居民参与意见反馈与投票，这些都体现了此次的竞赛是广泛、充分考虑到大众的实际需求和意见的，也反映出这是一次有公众参与的城市家具方案征集。另外，本次大赛的主办方对于赛事的筹备和策划非常周全与细致，作为参赛者能够获得充分展示自己作品的机会和平台。

社区空间体验与畅想

Community Space Experience and Imagination

共创美好社区
Building a Better Community Together

受访者：王艺
身份：古美居民，本届大赛参赛设计师

您在古美生活过多少年，这期间古美的公共空间发生了哪些变化？

我在古美生活了 20 年，在这期间，我注意到古美的公共空间发生了一些变化。在空间方面，河道绿带得到了不断升级，古美公园的景观也变得更加丰富，有花有景，使得整个地区更加美丽；社区文化方面，在生活中能感受到设计与艺术气息日渐浓厚，为居民们提供了更多的交流和欣赏的机会，敦亲睦邻的幸福感也不断增强。

古美有什么您喜欢去的公共空间，这里面的环境和城市家具您是否满意，有什么建议？

古美有我喜欢去的河畔绿道、古美公园，沿河、沿城市交通主干道的环境和城市家具都在不断升级。我建议在以龙茗路为主的商业空间沿线，尤其是平南路到顾戴路之间的路段，强化城市界面更新和增设友好型城市家具。

作为参赛设计师同时也是古美居民，有什么令您印象深刻的故事？

感谢作品能获得评委的认可，作为古美居民，我也见证了古美从田到城的发展过程，她就像一只不断振翅飞翔的蝴蝶，逐步蜕变、焕颜。古美的人很美，古美的景也越来越美。所以我的设计还是从人的需求出发，从全龄社区的友好性出发，除了体现古美自身的底色和文艺质感之外，也让她的景致具有更强的认知度，并进一步释放更多古美的诚意与关怀。

作为古美人，您对古美社区的建设有什么感受和建议？

我对古美社区的建设感到非常满意和骄傲。在过去的几年里，我目睹了古美社区的变化。不仅绿化景观得到了升级，还有更多的公共设施和社区设施的建设，为居民们提供了更好的生活环境。古美社区的建设不仅注重美化，还注重实用性和便利性，让居民的生活更加舒适和便利。

我希望今后能够继续完善交通设施、提升社区设施、引入创意设计和加强环境保护等，进一步提升我们古美社区的形象，提高我们居民的生活品质，保护我们的环境。

您全程关注并参与了这次大赛，对大赛有哪些建议和期望？

我是一名古美社区的居民，这次创意大赛提供了一个机会，能够让我们的社区变得更美好。在设计过程中，我非常期待古美能通过这次创意大赛在便捷性、舒适性以及生活氛围等层面获得更大的提升，也非常期待我们的古美能成为一个既有设计感，又有生活感，更加有参与感和烟火气的美好社区。

希望今后能继续举办类似城市家具创意设计大赛这样的活动，鼓励设计师们为古美社区带来更多创新的设计理念。这样不但可以提升古美社区的形象，而且还可以为居民们提供更好的生活服务。

第 2 章
历史与创新：城市家具理论研究

空间中的秘密主角——
欧洲城市家具的历史溯源

The Secret Lead of Urban Space:
Origin of Urban Furniture in Europe

蔡永洁　刘韩昕
同济大学建筑与城市规划学院

1　概念：源自角色的转化

　　"城市家具"由"城市"与"家具"两个概念组合而成。因此，要澄清其概念及内涵，须从家具的语意出发。家具的英文名称是 furniture，其动词形式 furnish 为布置的意思。家具的法文名称 meuble、德文 Möbel、意大利文 mobili 等则源自拉丁文 mobilis，为可移动之意。在美国权威法律词典《布莱克法律词典》(*Black's Law Dictionary*) 中，家具被解释为"一切用于布置并使空间适于居住、使用方便或令人愉悦的物品范畴"。可见，西方语境下的家具指一切可移动的，可支持人活动的，涵盖了桌、椅、橱柜、地毯、花瓶、画、装饰摆设等类型的物品。除了实用性特征，家具一般具有装饰性及符号象征意义，是功能和社会价值的统一。欧洲最早的家具雏形可以追溯到公元前 2000 年，在当时还处于石器时代的英国奥克尼郡村落石屋中发现了如石椅、石床、石质梳妆台等家具，而正对石屋入口的石质梳妆台被认为是具有象征意义的对景。

　　在汉语中，家具主要是指用于坐、卧、储藏等具有实用功能的器具[1]，侧重其实用性。随着社会文化的发展，家具的概念已更具广义性，超出了家用的范畴，扩展到商店、学校、城市公共领域，成为建筑及城市公共空间的组成部分，家具也改变了可移动的特点，在城市公共空间中固定下来。

　　城市家具（Urban Furniture）的概念正是伴随家具概念的延伸而形成的，它最先出现在欧洲。19 世纪初叶，城市家具已被广泛安置在城市公共空间，但并没

[1]　"家具"一词在汉魏时期的书籍中已有所记载。贾思勰在其著作《齐民要术·种槐、柳、楸、梓、梧、柞第五十》中讲："凡为家具者，前件木，皆所宜种，十岁之后，无求不给"，"家具"是当时对家庭木质器用的一种简约称呼，古人常以器称之。在《辞海》中，家具为人类日常生活和社会活动中使用的具有坐卧、凭倚、贮藏、间隔等功能的使用器具。

2 苏菲·巴尔波.城市小品：创造城市新生活[M].沈阳：辽宁科学技术出版社，2010.

有被归类为一种空间元素，从而获得定义。直到 19 世纪 60 年代，法国街道公共设施与传媒企业家让 - 克劳德·德考克斯（Jean-Claude Decaux）首次运用城市家具（Urbane meuble）的概念进行商业推广[2]。到 20 世纪后期，这个商业名词逐步在欧美学术界得到认同而获得学术内涵，视其所处的时代不同，也被称作"广场家具"或"街道家具"。

卡米洛·西特（Camillo Sitte）、芦原义信、威廉·怀特（William H. Whyte）都曾对城市家具有所涉猎，但未曾做出明确定义和系统研究。近年来，一些欧美和日本学者重新燃起对它的研究热情。德国学者克里斯·范·乌费伦（Chris van Uffelen）于 2010 年出版《街头家具》（Street Furniture）一书，法国景观设计师苏菲·巴尔波（Sophie Barbaux）于 2010 年出版《城市小品：创造城市新生活》（Urban Furniture for a New City Life）一书。笔者在《城市广场》一书中曾尝试从空间和社会学的双重视角勾勒城市家具的基本轮廓，将其定义为广场、街道等城市公共空间中那些不具备结构性意义，但能对空间品质产生影响，与人的行为产生互动的空间元素，如雕塑、喷泉、座椅、灯具、树木、装置、小型售货亭等，都是城市广场和街道等公共空间里的小型三维元素[3]。相对于室内家具的可移动性，城市家具大多是固定的；它并非室内家具的简单外置，由于使用者涉及所有市民，因此具有室内家具不可替代的公共性特征，具有强烈的社会学及符号学意义。

3 蔡永洁.城市广场——历史脉络·发展动力·空间品质[M].南京：东南大学出版社，2006.

2　溯源：并非秘密的历史

2.1　古希腊城市家具：一种价值符号

4 同3。

雕塑、纪念物、祭坛、演讲台是古希腊城邦的典型装饰，充满了广场和街道。"古希腊以公共性极强的生活方式促生了城市公共空间的繁荣，城市的结构以公共空间为基础。造型与装饰完全为了一个目的：表达集体利益[4]。"城市家具被当作城市公共空间造型的完美补充和价值认同，成为实现这一集体诉求的重要手段。它们通过自身的象征意义、功能属性以及在空间中的精心布置支撑着公共活动，使城市公共空间成为政治与市民活动的中心。人们在这里膜拜、敬仰、演讲、辩论、施政、交谈，公共生活的精髓在这里得到体现。以下是古希腊两处典型的城市家具。

首先是雅典卫城的雅典娜神像（图 1）。作为国家宗教活动的中心，雅典卫城依山而建，有机地分布于一个巨大的山顶平台。在由山门、帕特农神庙、伊瑞克提翁神庙等几个主体建筑围合成的广场中心，耸立着高逾 10m 的城市守护女神雅典娜神像，其巨大的尺度同水平展开的建筑背景形成强烈反差，控制着整个广场。进入卫城，神像作为唯一的空间对景被置于山门的正轴线上，接受市民的膜拜，体现出女神在雅典人心中的崇高地位。神像轴线与山门轴线形成一个小夹角，打破了严格对称，同身后依次展开的帕特农神庙和伊瑞克提翁神庙构成一种动态平衡。在这里，神像发挥了关键的空间平衡作用，与整座卫城有机的空间布局理念相吻合。当

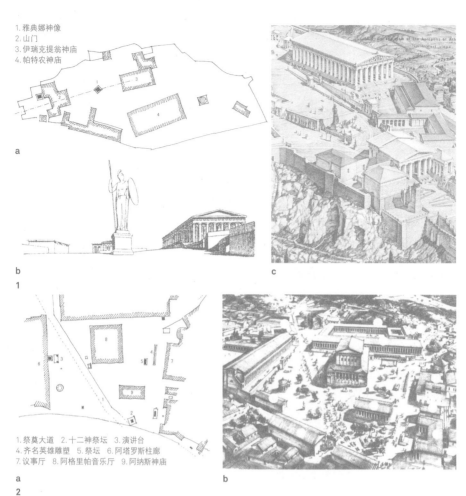

1.雅典娜神像
2.山门
3.伊瑞克提翁神庙
4.帕特农神庙

a

b
1

1.祭奠大道 2.十二神祭坛 3.演讲台
4.齐名英雄雕塑 5.祭坛 6.阿塔罗斯柱廊
7.议事厅 8.阿格里帕音乐厅 9.阿纳斯神庙

a
2

c

b

年穿越山门进入广场膜拜神灵的人们看到主宰整个广场的雅典娜神像时，这个主题突出、气势恢宏的图景立即给人一种神圣空间的强烈震撼。神像不但是空间的焦点，也是整个城市、国家以及民族的精神寄托。

其次是雅典集市广场上的纪念物（图2）。集市广场（Agora）是雅典当时最为重要的公共活动空间。希腊化时期的雅典集市广场已由赫菲斯托斯神庙、议事厅等建筑群和柱廊围合形成明确的边界；到了罗马时期，广场上已经设立了丰富而多样的城市家具，支撑着人们所热衷的公共活动。祭奠大道斜穿广场而过，这条道路是通向卫城的中心干道，也是人流主要集中地。在祭奠大道通往卫城方向并进入广场的起始处是"十二神祭坛"，作为广场领域的起始标志。

"纪念众神"作为人群进入广场的首要事件，宣示着神在希腊人心中的神圣地位；广场东侧的演讲台紧靠阿塔罗斯柱廊（Attalos）并居中设置，以柱廊立面形成对称而完整的背景，共同构成演讲的城市舞台；在广场西侧议事厅柱廊外是英雄雕像阵列，约16m长的大理石基座上陈列了10座希腊历史上最具代表性的传奇英雄人物铜像。除了展示英雄人物供市民敬仰，另一重要功能是为雅典人议政、颁布法律公告提供官方场所。此外，广场上还充满如雅典的神像、祭坛、英雄雕像以及各种小型建筑物，它们共同丰富着广场空间，支撑着人们的活动，并展示着雅典人的精神寄托。

在空间布局上，雅典集市广场上的城市家具呈现以下特点：毗邻建筑或道路周边设置，利于辨识和使用，不影响交通；不占据广场中心，广场中心留空间供人群和集会活动使用，倾向于与建筑或彼此之间形成小尺度的次级空间，有利于公共活动在建筑和广场之间的逐层渗透。此外，城市家具突出符号象征作用，主要目的是为人们所热衷的纪念、演讲、辩论等活动营造恰当的空间氛围。

这两个典型案例可以说明，古希腊人有意识地通过城市家具来补充和营造公共空间，以充满符号意义的雕塑为主要类型。它们主题鲜明，体现多元信仰；空间设置灵活有机，突出政治和社会生活功能，反映出古希腊人在公共生活中崇尚精神需求、弱化实用功能的特点，凸显了古希腊信仰虔诚、关心民主政治、热衷公共事务的多元文化特征。

2.2 古罗马城市家具：权力与世俗生活

古罗马在一定程度上延续了古希腊民主和自由的传统，但作为一个空前的军事集权帝国，其城市公共空间在形式、规模、尺度上追求宏大叙事性，强调空间秩序和精神诉求的表达，与古希腊的自由多元形成对比。同样利用城市家具，古罗马人在继承古希腊传统的同时塑造了自己的特色。以下是古罗马 3 处典型的城市家具。

首先是古罗马竞技场广场上的纪念物（图 3）。恺撒大帝时期的竞技场前面有 3 个城市家具，分别是君士坦丁凯旋门、涌泉水池和巨人雕塑。建造具有象征性和纪念意义的凯旋门是罗马人的独创，君士坦丁凯旋门正是为纪念大帝击败马克森提乌斯皇帝统一罗马帝国而建。凯旋门设于从罗马胜利大道进入竞技场广场的入口，同时作为道路对景和收头，向来人昭示着罗马统治者的辉煌功绩。凯旋门身后是名为 Meta Sudans 的圆锥形涌泉。

图 3 古罗马竞技场前广场
a. 恺撒大帝时期古罗马竞技场前广场平面
图片来源：作者自绘
b. 古罗马竞技场前广场鸟瞰
图片来源：BENEVOLO L. Die Geschichte der Stadt[M]. Frankfurt: Campus Verlag, 1983: 185.
c. 君士坦丁凯旋门
图片来源：刘韩昕摄于2009 年

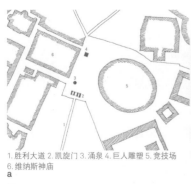

1.胜利大道 2.凯旋门 3.涌泉 4.巨人雕塑 5.竞技场 6.维纳斯神庙

a   b   c

3

Meta Sudans 原本是古罗马竞技场内供战车绕行的高大圆锥形设立物，此涌泉采用圆锥造型也出于一个明确目的：为来自胜利大道的胜利游行队伍提供一个左转绕行并通向论坛区和 Sacra 大道的仪式性空间节点。涌泉北侧，位于维纳斯神庙另一侧的是高约 30m 的巨人铜像（Colossus Nero），该铜像最初是以尼禄皇帝（Emperor Nero）为原型的英雄纪念铜像，且原先并不在此。此后的维斯帕先皇帝（Emperor Vespasianus）为铜像增添了光芒皇冠，重新取名太阳神巨人（Colossus Solis）并将其移至竞技场前广场。

大尺度的城市家具除了符号象征和仪式性标志，也作为造型元素对整个广场的空间形态和尺度施加着影响。凯旋门作为道路收头，实现了从街道向广场的空间过渡。涌泉和巨人雕塑对称地分列于竞技场和维纳斯神庙对位轴线的两侧，强化了这种空间对位关系，同时它们利用自身的体量收缩再次区分了广场空间区域，在由竞技场和神庙两个大尺度建筑形成的广场空间中营造出小场域，丰富了空间的层次。城市家具的造型与布局以鲜明的符号象征意义和宏大、庄严的空间特征为仪式性和纪念性活动提供支持，凸显帝国的荣耀与伟大。

其次是庞贝论坛广场上的雕塑群（图 4）。论坛广场（Forum）形成于罗马共和时期，三面有完整的柱廊围合，周边设有神庙、议会厅等重要建筑，是当时市民政治、经济、宗教和日常生活的中心。虽然没有罗马城的宏大规模，但庞贝论坛广场清晰呈现出神和帝国英雄在人们心中的统治地位，并通过清晰的轴线来明确表达。纵轴线是由庞贝保护神朱庇特神庙和论坛中心的两座罗马皇帝雕像形成，两座雕像之间则是广场核心区——论坛，是市民集会、演讲、辩论等重要活动的场所；广场边缘设有若干组英雄骑士雕像阵列。这一系列布局不仅体现着不同对象的社会等级，同时它们在空间上又划分出中央论坛区和边沿区的不同领域，使得广场在空间组合、尺度变化和层级上富有多样性和渗透性，适应了政治、辩论、宗教与日常性、世俗化等不同类型的公共活动在空间选择上的多元需求。

最后是庞贝的水井（图 5）。古代的街道不仅用于通行，更是市民商贸交易、日常交往的生活场所。在那个年代，街道是广场之外市民的第二公共起居室。庞贝的街道水井称得上古典时期一种特别的街道家具类型，它也可能是中世纪城市精美街道喷泉的前身和雏形。相比于东方文化中将水井设于自家庭院的方式，庞贝的水井显然是出于一种截然不同的公共生活理念，即在满足功能性需求的同时促进市民交往。街道水井的空间分布经过精心考虑，水井之间相对等距，控制在 100~200m 的步行区间以内，均设立在道路交会处，易于辨识，为路人、商贩、居民和牲口的取水提供便捷的服务。这种设置方式有效兼顾了日常生活和公共交往需求，人们在取水处相遇，产生交流，提高了街道空间的停留性和宜居性，使街道成为市民生活的起居场所，推动了富有活力的街道生活文化。

显然，古罗马城市家具总体上继承了古希腊传统，突出符号象征意义。但古罗马更加有意识地利用城市家具的空间造型价值，补充轴线关系，强化空间对称性和等级序列的营造，注重规整、宏大、仪式性效果，成为帝国权力意识的空间展示。

图 4 庞贝论坛广场
a. 庞贝论坛广场平面
图片来源：作者自绘
b. 庞贝论坛广场复原图
图片来源：http://www.
studyblue.com/notes/note/
n/ahs-final/deck/197624
c. 庞贝论坛广场遗址
图片来源：刘韩昕摄于
2009 年

图 5 庞贝街道
a. 庞贝街道平面
图片来源：作者自绘
b. 庞贝街道生活复原图
图片来源：http://
www.pinterest.com/
pin/484770347361044244
c. 庞贝街道的水井
图片来源：刘韩昕摄于
2009 年
d. 庞贝街道的水井
图片来源：刘韩昕摄于
2009 年

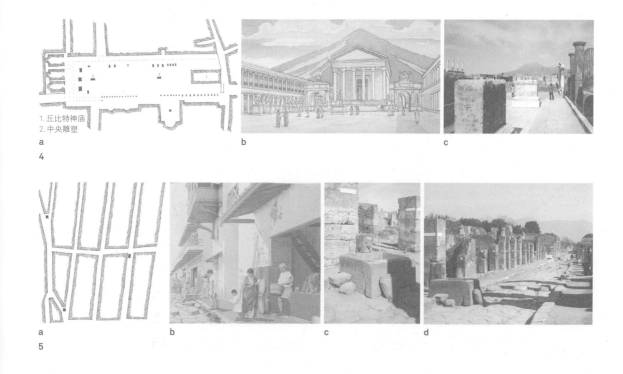

1.丘比特神庙
2.中央雕塑
a
4

a
5

同时，城市家具作为街道中的生活设施，促进了市民的日常交往，这也凸显出古罗马生活中更加世俗的一面。

2.3 中世纪城市家具：虔诚、实用与空间艺术

中世纪城市传承了古希腊和古罗马城市的文明，又受到日益繁荣的商贸活动的推动与影响，同时还处在一个极度虔诚的时代。教会的地位至高无上，控制着城市生活的各个方面，宗教也是城市空间乃至城市家具造型的重要主题。中世纪的社会秩序由教会、贵族和市民阶级三股力量支配[5]，城市家具也因此在造型、空间关系和功能上体现出这种力量构成。卡米洛·西特在对中世纪广场的形态和公共生活进行观察后指出："……将重要的建筑物集中于一个地方，并以能唤起历史记忆的喷泉、纪念物和雕塑装饰这一生活中心的倾向，这一切，在中世纪和文艺复兴时期曾是每一座城市的光荣与骄傲。"[6] 作为公共空间的一分子，这些城市家具与建筑一起扮演着城市文化载体的角色。以下是中世纪两处典型的城市家具。

首先是纽伦堡美丽泉（图6）。德国纽伦堡集市广场上的美丽泉（Schöner Brunnen）是上述特点的典型代表。广场上有着延续至今的传统集市，周边主要建筑是圣母教堂，著名的美丽泉水池则坐落于广场西北角。该喷泉始建于1385年，由底座水池和中间高19m的镀金彩绘塔组成。塔身为哥特式造型，分4层，精心布置了众多的圣人与伟人雕像：顶层为《圣经·旧约》中的7位先知人像；中间层是16位象征人类统一的伟大统治者人像；位于他们脚下的一层是象征纽伦堡敌人的鬼脸像；底层是沿着塔基周边呈两圈展开的16位呈坐姿的人物像。泉池外圈是

5 同3：38.

6 卡米洛·西特.城市建设艺术——遵循艺术原则进行城市建设[M].仲德崑，译.南京：东南大学出版社，1990：8.

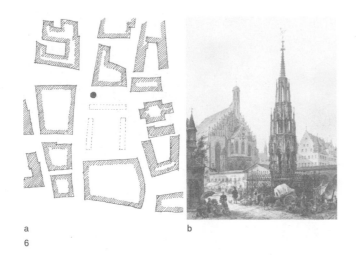

图6 纽伦堡集市广场
a. 纽伦堡集市广场平面
图片来源：作者自绘
b. 纽伦堡集市广场美丽泉
图片来源：油画，Friedrich
Perlberg，1848—1921，
Nürnberg

a
6

8 位哲学与 7 个不同学科的代表人物，其后的内圈人物是 4 位福音传教士和 4 位中世纪教父。泉水从他们脚下的兽形喷嘴中流出，汇入水池供市民采用。

美丽泉展现了上层权贵的社会理想和价值诉求，又满足了集市人群的取水之需。美丽泉也是城市空间造型的重要元素，被西特称为中世纪喷泉布局的典范，即广场中央留空作为集市活动的中心，精美的喷泉被置于广场的一角，主要道路在这里通向广场，人和牲口也能非常方便地到这里饮水，行人被置于一个动态而合适的透视角度来欣赏喷泉和大教堂。美丽泉早已超越其功能属性，化身为彰显权威、传递价值、展示空间艺术的多元复合物。

其次是伯尔尼的街心泉（图7）。瑞士首都被称为"泉城"，遍布城市街道的街心泉是这座城市的代表性城市家具，这些街心泉由上部柱形精美的雕塑和下部水池构成，每个都拥有各自的独特主题，体现着这座城市独有的文化。以位于市场大街的采宁格泉（Zähringen Fountain）为例，它是为纪念城市建立者贝尔希托德·冯·采宁格（Berchtold von Zähringen）而建。因建城之初采宁格以"熊"（Bär）给这座城市命名[7]，柱子上的雕像被塑造成一头站立的熊，身披铠甲、头戴钢盔，全副戎装，左手执伯尔尼旗帜，右手执剑，两腿还夹着一只姿态可爱的小熊。采宁格泉身后不远处是安娜·塞勒喷泉（Anna Seiler Fountain），塞勒当年将自己的住宅改造并建立了伯尔尼第一所城市医院，造福市民。此泉展现了塞勒将水盛入碗中的温柔姿态，以纪念这位伟大的女性。

其他街道里还有着众多街心泉，主题有宗教信仰、贵族精神，也有民间故事、神话传说，反映出这座城市多元的人文风貌。街心泉雕塑一般立于主要街道的中心，标识性很强，在街道空间中营造了具有向心性的驻足空间。路人在此取水、休憩、驻足停留、观赏城市，公共交往因此发生。每逢节庆，人们还会在街心泉周边布置传统集市，街道转变成广场，成为一大城市特色。

中世纪的城市家具遵循古典传统，注重符号象征意义，被赋予强烈的宗教色彩，在传递价值观念的同时巧妙地满足了市民生活的实用需求。城市家具积极地参与城市空间造型，展示出价值观、实用性和空间艺术的高度统一。这一特点非常有利于

7 伯尼尔的瑞士德语名
为 Bärn。

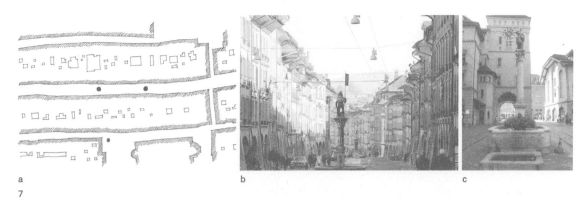

a
7

a
8

多元活动的形成，而这种不同价值追求的融合也恰恰反映出教会、贵族和市民三股力量的存在状态和中世纪城市独有的社会文化特征。

2.4　文艺复兴与巴洛克城市家具：实用性的衰退

文艺复兴动摇了中世纪的神权统治，建立了人文、科学、理性的新时代。这一时期的城市空间和城市家具自然也展示出该时期特有的人文、理性特点，诠释出与中世纪不同的价值观。以下是文艺复兴时期 3 处典型的城市家具。

第一处是罗马市政广场的骑士雕像（图 8）。米开朗基罗设计的市政广场位于罗马卡比多山（Capitoline Hill）上，教皇保罗三世计划建造一个新的纪念性市民广场作为罗马的新标志，并要求在场地中央放置一个骑士雕像（Marcus Aurelius）。该雕像是一座描绘古罗马皇帝英武气势的铜像，因其不带任何兵器的造型被看作和平英雄。

米开朗基罗设计了一个梯形广场来展示这座雕像，通过重建和抬高雕像身后的元老院、兴建博物馆，构成了一个完整的广场界面。广场的短边彻底开放，并衔接进入广场的大台阶，创造了进入广场的戏剧化空间透视效果，充分展现出元老院建筑的立面背景，从而突出中央雕像。同时，广场地面以一个椭圆放射图案铺饰，雕像坐落在所有轴线关系的焦点上，是广场空间的控制点，也因此成为整个广场空间的主角。广场的活动主题纯粹而单一，人们置身于一个近乎完美的空间欣赏这座雕塑。这是一个以轴线、几何、透视等理性艺术手法塑造的空间，也是烘托城市家具并以之作为空间主角的典型代表，它彻底揭示出城市家具在城市空间和公共生活中扮演的重要角色。

第二处是巴黎旺多姆广场中心纪念柱（图9）。始建于17世纪末的旺多姆广场位于巴黎市中心，是古典主义时期城市广场建设的典范。从设计之初，该广场就是一个纯粹的纪念性广场，广场中心的纪念性城市家具也同样是广场空间设计与展示的唯一主题。广场的平面形式采用了完全对称并切掉4个角的矩形，南北两侧对称开口并协同中心城市家具形成明确的主轴线。旺多姆广场的这一平面形态和周边建筑风格一直沿用至今，但作为展示主题的中央纪念物却历经风雨变幻。

广场中央最早设有一尊吉拉尔东（Francois Girardon）设计的路易十四雕像，但在1789年大革命时期被摧毁。1806年，贡杜安（Jacques Gondoin）和勒佩尔（Jean-Baptiste Lepere）合作设计了一座纪念奥斯特里茨战役胜利的纪念柱献给拿破仑，该纪念柱高43.5m，柱顶设置了安托万·德尼（Antoine Denis）创作的拿破仑雕像。这座雕像在奥俄联军击败拿破仑进逼巴黎时遭拆毁，直到1863年被重新安置，8年之后的巴黎公社时期它被取了下来，而仅隔3年，它又被复制安装直到今日。作为权力代表的城市家具变换起落，反映着时代的变迁与权力的更迭，更反映出巴黎人对于政治理念的追求与表达。

第三处是圣马可纪念石柱（图10）。威尼斯圣马可广场有着"欧洲最美客厅"的美誉，这里一直是威尼斯政治、宗教和节日的活动中心。在广场通向大海的开口处有两根白色石柱，一根柱头上雕刻着威尼斯的守护神圣狄奥多，另一根为一位守护神圣马可的飞狮。除象征意义外，这两根石柱还有两个目的：限定出滨水广场的内外领域，作为威尼斯城市迎接水上来宾的仪式性入口。门柱后限定出的这块小广场则是当时威尼斯城的接待沙龙。一幅当年的油画清晰地呈现了当时从水路来到威尼斯的贵宾们从石柱中间进入广场，在沙龙上欣赏城市，彼此交谈的上流阶层生活图景。从广场内部向外看，两个门柱还起到了将视线聚焦在对面的圣乔治教堂上的取景框作用，营造出戏剧性的视觉艺术效果。

文艺复兴与巴洛克时期的城市家具不再专注于宗教题材，但继续保持着强烈的符号色彩。透视、轴线、对称等理性原则成为空间造型的主要手段，在这一空间造型体系中，城市家具逐渐成为空间主角。在公共空间的几何中心烘托空间主题，强调意识形态和理性精神的表达，弱化实用功能，是这一时期城市家具的显著特点，这一价值导向也使得公共活动呈现出一种精英化和单一化趋向。到了古典主义时期，这种理性的空间表达方式被专制主义者们利用并推向极致，城市家具的角色被进一步放大，发展成展示权力的时尚手段，直到今天还受到崇拜者的青睐。

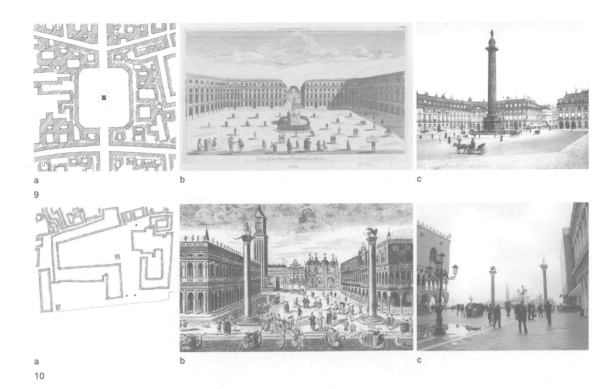

a
9

a
10

图9 巴黎旺多姆广场
a. 巴黎旺多姆广场平面
图片来源：作者自绘
b.17 世纪的旺多姆广场
图片来源：http://gallica.
bnf.fr/bibliothek nationale
de France
c.19 世纪的旺多姆广场
图片来源：http://hdl.loc.
gov/loc.pnp/cph.3g12104

图10 威尼斯圣马可广场
a. 威尼斯圣马可广场平面
图片来源：作者自绘
b. 迎接来宾的城门
图片来源：HEHL E,
JOHANNSEN R H. Les
plus belles Places d'
Europe[M]. Gerstenberg
Verlag, Geneva: Hildesheim
Diffusion La Joie, 2004: 39.
c. 威尼斯圣马可广场上的纪
念石柱
图片来源：刘韩昕摄于
2009 年

2.5　工业化时期的城市家具：日常化与休闲性

工业革命推动了欧洲城市的迅猛发展。随着城市人口的激增，传统城市结构逐步瓦解，新功能区的出现、公共交通的发展以及迫切的卫生要求共同引发了城市空间的变革，城市家具作为城市公共设施首次得以大规模普及，出现了功能各异的雨棚、路灯、座椅、报亭、公共厕所、喷泉、树木等类型，成为现代城市家具的雏形。以下是工业化时期两处典型的城市家具。

首先是福尔斯滕贝格的微型汽灯（图 11）。巴黎的福尔斯滕贝格（Furstenberg）区有一个边长仅逾 20 m 的微型广场，其周边为普通居民住宅，它因其独有的空间尺度、家具设置和浪漫氛围而闻名。广场中央通过抬高的路牙石隔离出机动车道，岛中央设有一个在当时非常时髦的汽灯，以提供夜间照明，四周有 4 棵大树围合。在法国画家卡米勒·皮萨罗（Camille Pissarro）笔下，我们可以看到一盏汽灯点亮了一个温馨的城市舞台，一个为情人约会、孩童嬉戏、路人漫步、邻里交谈而设立的舞台。一盏出自工业革命时代的汽灯成为场所的核心，为市民提供了温馨的夜间照明和安全感。

其次是古尔公园的"龙椅"（图 12）。这个童话般的公园始建于 1900 年，位于巴塞罗那西北山坡上。第一次世界大战后，大投资商古尔把这片山地送给了巴塞罗那市政府，并指名由高迪将其建成巴塞罗那最早的现代城市公园。高迪的设计围绕一条中轴线展开，中心广场位于百柱厅的屋顶上。广场上有着"世界最长的椅子"，西班牙人称它"龙形椅"。该长椅由高迪亲自设计，全部使用不规则的马赛克瓷砖

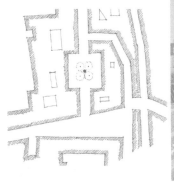

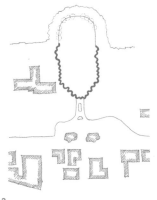

图 11 巴黎福尔斯滕贝格广场
a. 巴黎福尔斯滕贝格广场平面
图片来源：作者自绘
b. 夜幕下的福尔斯滕贝格广场
图片来源：油画，Camille Pissarro，1830—1903

图 12 巴塞罗那古尔公园
a. 巴塞罗那古尔公园平面
图片来源：作者自绘
b. 古尔公园长椅上享受阳光的人们
图片来源：蔡永洁摄于2010 年

拼贴形成，色彩绚烂迷人，曲折延展，在限定广场的同时又创造了自由、连续而丰富的休憩空间界面。

　　人们既可以在广场上漫步、嬉闹，也可以在长椅上休息、聊天、欣赏城市，两种活动形成渗透和互动。空间、功能与艺术在城市家具上的完美结合使这里成为热闹非凡、自由欢乐的市民天堂。这样的场景一直延续至今。

　　工业革命时期的城市家具不再受符号象征价值的局限，传统的主题色彩逐步退化，它大量地作为实用艺术品被安置在城市空间中。这一转型极大便利了市民的城市公共生活，自然地适应着城市公共生活的日常化与休闲化。

2.6　现代主义城市家具：失落的空间与价值

　　秉承实用主义理念的现代主义城市实践主张标准化、高效率的新技术，批量化生产使城市家具得到进一步普及与推广，但同时也使其沦为受害者。作为街道配套设施，城市家具被看作附属于城市空间的工业产品，其固有的场所性和文化属性逐渐丧失，建筑成了这一时期城市空间权力与秩序的主角，城市空间也逐步丧失场所感，变得机械、冷漠、缺乏人性。以下是现代主义两处典型的城市家具。

　　首先是柏林施特劳斯贝格广场（图 13）。20 世纪 50 年代初的施特劳斯贝格广

图 13　柏林施特劳斯贝格广场
a. 柏林施特劳斯贝格广场平面
图片来源：作者自绘
b. 柏林施特劳斯贝格广场鸟瞰
图片来源：The German Press Agency，2015 年
c. 柏林施特劳斯贝格广场
图片来源：Google 街景截图，2015.04.01

图 14　巴黎拉德芳斯大广场
a. 巴黎拉德芳斯巨门前广场平面
图片来源：作者自绘
b. 巴黎拉德芳斯巨门前广场之一
图片来源：刘韩昕摄于 2009 年
c. 巴黎拉德芳斯巨门前广场之二
图片来源：刘韩昕摄于 2009 年

场及周边建筑是斯大林主义风格在前东德的典型代表。整个广场以椭圆平面造型实现了街道轴线的柔和交接与转折，并配合建筑形体营造出对称而具有仪式性的空间，现代高层建筑主宰着广场空间，广场中央的交通孤岛点缀着行人无法到达的喷泉，周围是宽阔的汽车道，广场上唯一适宜的活动是在一个空旷的场景中欣赏宏大建筑与城市轴线。这是一个纯粹的交通广场，是社会主义形式与现代主义精神的结合。

其次是拉德芳斯大广场（图 14）。20 世纪 80 年代建成的巴黎拉德芳斯新区意在打造象征巴黎经济繁荣、回应风靡全球"摩天楼"风潮的现代城市商务区。其标志性建筑拉德芳斯巨门前广场设计也传递着充满希望的宏大空间信息：城市轴线 + 纪念性建筑。除去一些微不足道的小品及灯具，30000m² 的大广场上并没有对空间产生明显影响的城市家具，造型目的非常简单：提供纯粹空间，一个从更好的视角感受城市轴线、欣赏摩天大楼的空旷展台，而不是营造一个使用多样和长时停留的市民场所；城市家具的集体缺失体现了这样的设计初衷。

在古老的欧洲，现代主义的城市公共空间实践并未留下大量案例，但少量的案例足以说明，这一时期的城市家具丧失了传统的价值符号意义，成为功能性或装饰性的工业产品，并在世界范围内普及开来。功能至上、宏大叙事、权力展示的建设思想使城市家具独有的场所价值以及社会文化价值被遗忘和剥离，其空间地位逐步降低，这也是现代主义时期城市公共空间走向衰落的原因之一。

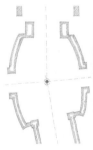  

a
b
c
13

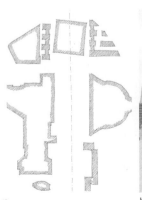  

a
b
c
14

2.7 当代城市家具：日常性与场所性的回归

20世纪60年代以来，通过简·雅各布斯（Jane Jacobs）、威廉·怀特、凯文·林奇（Kevin Lynch）等人对现代主义城市空间理念的批判，人性化、多样性、宜居性成为西方城市空间研究的核心，这也激发了人们对城市家具的重新审视。由于战后社会的稳定以及生产效率的显著提高，人们对城市空间如何满足休闲生活提出了新的要求，"日常"的城市空间成为研究与实践的重点。通过富有创意的城市家具设计重塑传统城市空间的性格，将这种便捷、易操作的策略作为大建设后城市公共空间更新的主要手段，成为振兴城市活力、将市民生活重新带回城市的重要途径。以下是当代3处典型的城市家具。

首先是王宫广场改造（图15）。卢浮宫北侧的巴黎王宫原有一个安静的内庭院，在1986年经过改造后成为对市民开放的王宫广场。艺术家丹尼尔·布伦（Daniel Buren）在约3000m²的庭院内植入了约260根黑白条纹柱阵列作为公共艺术作品。所有柱阵列根植于地下室并以不同高度出现在广场上，在重塑原有庭院空间功能与尺度的同时营造出特别的空间变化，以波普化的艺术语言同庭院四周古典主义风格的建筑立面形成强烈对比。城市家具的植入颠覆了原有严肃而冷漠的空间性格，营造了一个富于趣味性与亲和力、契合市民日常需求的公共场所，吸引了大量市民和游客在此观光、休闲、娱乐。特别值得一提的是，因为内庭院特有的安全感，这里成了妈妈和孩子们休闲、玩乐的天堂。而这一切改变，仅仅是依靠了城市家具非常简单而巧妙的置入。

其次是海克曼庭院的临时课堂（图16）。柏林的老城内有许多庭院，海克曼庭院（Heckmann Höfe）是最古老的邻里庭院之一。

1990年，经过复杂的改造，这里成了混合住区，内庭院转变成为集工艺品商店、艺术、餐饮和儿童游乐等功能于一身的城市庭院。历史建筑风貌以及内院独特的静谧品质使这里成为愉快又宁静的市民活动场地。在这里，市民借助临时性城市家具参与、激发出许多出人意料的公共活动。图16中展示的是一个实验性户外课堂，学生将自己带来的可拆卸"遮阳座椅"放到庭院中一个有着大树荫庇的儿童区域，座椅相互围合形成"教室"。课后同学们可以直接在"教室"外的"公共区域"自由活动。课堂吸引了来自社区周边的孩童们参与，与同学们一起活动，成为路人乐于驻足观看的一道风景。这一临时性城市家具的介入，使私密的课堂教学和社区的公共活动融为一体，城市公共空间的属性和特征变得模糊，公共生活变得多元和自由。

最后是塞维利亚的都市阳伞（图17）。恩卡纳西广场（La Encarnacion）位于西班牙塞维利亚的城市中心，"都市阳伞"（Metropol Parasol）通过一个城市公共空间的复兴项目在这里出现。之前该广场处于荒废状态并长期被侵占用作停车场，设计师于尔根·迈耶·赫尔曼（Jürgen Mayer Hermann）设想为塞维利亚这样一个阳光强烈的城市创造一个巨大的荫蔽空间，同时将原有广场改造为集地下考古遗址展示、地面农贸集市、餐饮酒吧、顶层观光于一体的公共空间。都市阳伞是当今世界上最大

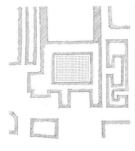

a
15

图15 巴黎王宫广场
a. 巴黎王宫广场平面
图片来源：作者自绘
b. 巴黎王宫广场鸟瞰
图片来源：巴黎明信片
c. 巴黎王宫广场内的活动
图片来源：蔡永洁摄于
1987年

图16 柏林海克曼庭院
a. 柏林海克曼庭院平面
图片来源：作者自绘
b. 海克曼庭院内的移动课
堂之一
图片来源：刘韩昕摄于
2014年
c. 海克曼庭院内的移动课
堂之二
图片来源：刘韩昕摄于
2014年

图17 塞维利亚都市阳伞
a. 塞维利亚恩卡纳西广场
平面
图片来源：作者自绘
b. 恩卡纳西广场上的巨型
屋顶"都市阳伞"
图片来源：龚思宁摄于
2012年

a

b   c
16

a   b
17

　　的伞状木结构构筑物，通过几根立柱支撑起横跨整个广场的巨型屋顶，形成开阔的城市灰空间，为市民活动提供庇护和艺术化的场所标志。"都市阳伞"可视作被无限放大了的城市家具，其前所未有的体量、复合型功能使城市家具与建筑物的概念区分变得模糊，带来了对城市家具的再认识和对未来城市家具演变类型的思考。

　　当代欧洲城市家具不再是传统价值的载体与符号表达，它逐渐纠正了现代主义时期忽略城市文化与场所特质的傲慢态度，走向了日常性、场所性、艺术性和复合性的道路，强调城市空间对市民日常多元需求的人文关怀，体现了当代西方公共生活中艺术表达、生态理念和个性追求的总体趋势。同时，传统的城市家具的概念与内涵得到了拓展。

3 结语：衡量城市空间公共性程度的标尺

从 7 个历史阶段的典型案例可以发现，城市家具在欧洲城市公共空间的发展与演变历程中不断地扮演着与时代相对应的角色，这种现象存在于传承古希腊城市公共生活精神的欧洲。在其他文明古国如埃及、印度、中国以及后来的伊斯兰文明中，城市建设显然缺乏对城市公共空间着力装饰的热情，人们的关注点集中在了室内空间以及私密、半私密的庭院内。由此可以做出这样的判断：城市家具形成了一种城市文化，它反映出一个时代对城市公共空间的认识方式，是衡量城市空间公共性程度的标尺，展示着一个城市集体对公共生活的热情程度。在欧洲，城市空间的外向性特征通过城市家具得到了升华。

作为空间造型的物质策略，城市家具是城市集体观念和公共价值观的载体，也是城市空间中公共活动的重要行为支撑；它积极地参与城市公共空间的造型，不改变空间的基本特征，但它可以划分空间，建立属于自己的场域，完成空间尺度的转变。在欧洲城市的发展历程中，尽管城市家具的风格、造型、布局方式、符号价值、使用特点一直在发生着变化，但不变的是，它从未放弃在城市空间造型中的秘密主角地位。在今天，这个秘密主角已公开影响着整个地球上几乎所有的城市公共空间建设。

本文原载于《城市设计》杂志，2016 年 4 月刊。

参考文献

[1] 迪特里希·施万尼茨.欧洲：一堂丰富的人文课 [M].刘锐,刘雨生,译.太原：山西人民出版社,2008.

[2] 简·雅各布斯.美国大城市的死与生 [M].金衡山,译.南京：译林出版社,2005.

[3] 卡米诺·西特.城市建设艺术——遵循艺术原则进行城市建设 [M].仲德崑,译.南京：东南大学出版社,1990.

[4] 苏菲·巴尔波.城市小品——创造城市新生活 [M].沈阳：辽宁科学技术出版社,2010.

[5] 蔡永洁.城市广场——历史脉络·发展动力·空间品质 [M].南京：东南大学出版社,2005.

[6] AYMONINO A, MOSCO V P. Contemporary Public Space[M]. Milano: Skira-Berenice Editore, 2006.

[7] CRAWFORD M. Blurring the Boundaries: Public Space and Private Life[M]. New York: Monacelli Press, 1999.

[8] HEHL E, ROLF H J. Les plus belles Places d'Europe[M]. Heidiffusion: La Joie de lire, 2004.

[9] MICHEL D C. The Practice of Everyday Life [M]. RENDALL S trans. Berkeley: University of California Press, 1984.

[10] WHYTE W H. The Social Life of Small Urban Spaces[M]. New York: Project for Public Spaces Inc, 2001.

城市道路综合杆建设——
上海的探索与实践

Comprehensive Pole Construction of Urban Roads:
Exploration and Practice in Shanghai

崔世华

上海市住房和城乡建设管理委员会设施管理处主任科员、博士

上海经过近几年的整治，特别是 2010 年世博会后，整个城市发展的重点总结为"建管并举"，也就是逐渐变为以管理为重。尤其在习近平总书记提出要精细化管理以后，我们对整个城市环境的打造，围绕"干净、有序、安全"的目标做了许多整治工作。这几年也围绕城市的短板，做了很多整治工程。但是在城市街道空间的整治方面，目前还有很多顽疾，是长期积累下来的问题，我们归结为"线、杆、箱、牌、头、井"六个方面。

第一个问题："线"，指架空线（图 1），上海的市民把架空线称为"黑色污染"，各类架空线"横穿马路"，"飞墙上树"，像"蜘蛛网"盘旋在大街小巷的上空。比如著名的武康大楼，无论从哪个角度拍照都避不开架空线，当然现在已经进行过整治。根据上海市中心城区内环以内架空线的分布（图 2），仅仅中心城区就有大概超过 900 km 的城市道路，目前有接近 70% 的道路存在架空线。经过 2023 年的集中整治，已经整治了超过 100 km，比例有所下降。

第二个问题："杆"，指道路立杆（图 3）。据统计，上海市道路各类立杆的数量是百万级的。道路上常见各类杆件林立，"穿梭"在人行道上，甚至有路口杆件封堵斑马线的情况。通过对上海市城市道路立杆情况进行统计，立杆根据品类和各个权属单位可以归纳为 9 大类，从数量上统计，平均一个路口有 27 根杆子，这就是上海市中心城区的现状。

第三个问题："箱"，是指箱体（图 4）。道路上各类箱体高矮胖瘦不一，外观多样，设置杂乱，图 4 所示实际已经是整治以后的街区环境，就是说这条路已经

图 1
现状问题：架空线
图片来源：https://k.sina.
com.cn/article_2688192637_
a03a907d00100e4mu.
html?cre=tianyi&mod=
pcpager_china&loc=10&r
=9&doct=0&rfunc=77&tj
=none&tr=9

图 2
上海架空线入地和合杆整治
三年计划项目图
图片来源：上海市住房和
城乡建设管理委员会设施
管理处

图 3
现状问题：道路立杆

1

2

3

经过整治，但还是存在这个问题。

第四个问题："牌"，指道路上各类指示牌过多、过大（图 5）。常见状况为道路上各类标志标牌尺寸偏大，数量过多，设置随意。图片上是整治过的道路，但问题依然存在。

第五个问题："头"，指监控摄像头（图 6）。道路上各类视频监控设施"一杆一头"，重复立杆、重复设头。近年来随着智慧公安的建设，上海市整个城市界

表 1　上海市城市道路杆件分布统计表

序号	品类	权属单位	路口比例	路段比例	路口密度（杆/路口）
1	路灯杆	上海市住房和城乡建设管理委员会	12.6 %	35.0%	3.45
2	标志标牌杆	上海市交通委员会	17.6 %	17.3%	4.82
3	交通信号灯杆	公安局	26.5 %	1.8%	7.25
4	视频监控杆	公安局/武警部队等	11.0 %	12.2%	3.02
5	电力杆	上海市电力公司	14.4 %	18.8%	3.93
6	电车杆	上海现代交通建设发展有限公司	8.2 %	6.9%	2.25
7	导向牌杆	申通、旅游局、企事业单位等	9.4 %	5.4%	2.57
8	通信信息杆	运营商/铁塔公司	0.3 %	0.4%	0.09
9	其他杆	—	0.0 %	2.2%	0.00
合计					27.38

资料来源：上海市住房和城乡建设管理委员会设施管理处

4

图 4
现状问题：道路箱体

面上有 26 万个监控摄像头，而且摄像头的设置基本都是一杆一头。图 6 中右图是外滩上设置的一根杆子，是稍好点的情况，更主要的模式是左图的情况，一个摄像头一根杆子。因为杆子的管理主体不一样，资金来源不一样。所以上海 26 万个摄像头，可能就存在 20 万根杆子。这个问题非常难解决，因为与地下管道统筹之间有一定关系。这是机动车道上的立杆统计，人行道上此类状况更多。

第六个问题："井"，指地面井盖（图 7）。据网格化数据，2011 年，全上海的井盖集中统计共计 640 万个，现在可能已达 800 万个左右。

以上是目前上海市城市道路整治方面遇到的六个顽疾。上海市领导很重视这几项问题，围绕这六个方面，市委书记和市长对每一个专题都进行了相应批示。我们一直试图找到解决这些问题的办法，并把道路上的设施种类进行了梳理，目前这些设施主要分为四大方面（图 8），这实际上与城市家具是对应的。当然，随着城市的发展阶段不同，我们对设施的分类一直在不停变化。

随着城市建设对信息化要求的提高，信息化设施、城市公共管理设施和公共服务设施在未来会急剧增加，这些数据从空间分布、时间、使用方面都有很明显的特性。产生这么多问题实际上在技术上和管理上都存在一定不足。

图 5
现状问题：道路指示牌过
多、过大

图 6
现状问题：监控摄像头

图 7
现状问题：地面井盖

图 8
城市道路设施分类与特点
图片来源：上海市住房和
城乡建设管理委员会设施
管理处

5

6   7

道路照明设备
交通信号灯
交通标志标牌、路名牌
公共服务设施指示标志牌

城市道路运行管理设施　　　　**城市安全管理设施**

视频监控摄像机
基于视频图像的检测设备
WiFi嗅探
广播
……

景观照明设备
道旗

城市其他运行设施　　　　**城市公共服务设施**

4G/5G/物联网基站、WiFi
环境监测、扬尘监测设备
车联网、无人驾驶传感设备
……

信息化、智能化设施急剧增加

空间分布角度：多样性、复杂性
应用时间角度：不确定性、动态特性
使用主体角度：多源性、多条线性

8

　　首先，技术方面，这些设施都有共同的建设要素，都需要立杆，需要设箱，需要设井建管，需要接地，需要供电，需要穿线，还需要有基础。但因为存在管理主体、资金来源、技术标准和建设时间的不一，导致后续出现了资源浪费、破坏景观、安全隐患等问题（图9），所以我们解决问题的核心就是把这四个"不一"统一起来，当然不是绝对统一，而是相对统一。

　　为了解决这个问题，我们做了许多探索。第一个探索归结为"智慧灯杆"模式，从2014年开始，上海市道路照明管理体制发生变化，道路照明由电力公司移交给政府管理，我们利用道路照明数量大、分布密度较高、有供电的优势，对道路照明灯杆共享利用。

　　2014—2015年期间，经研发开发出了现在的"智慧灯杆"系统，之前称之为"灯

062

图 9
城市设施问题分析
图片来源：上海市住房和
城乡建设管理委员会设施
管理处

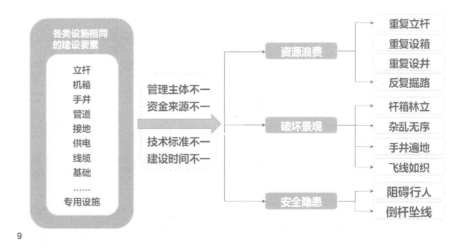

9

杆综合利用"，并于 2015 年在大沽路上进行了试点。当时提出，围绕一个灯杆可以实现六大功能。后面通过 2016 年的再次研发，提出了七大功能，当时我们很兴奋，觉得找到了一个解决前面诸多问题的成功之道，但实际上这个模式很难推进。我们从 2016—2017 年一直在思考怎么推进这个模式，这里面有两个问题没解决。

智慧灯杆的产品设计更多依靠的是产业的推动，自从 2015 年提出智慧灯杆模式以后，近两年广州、深圳各地都成立了智慧灯杆联盟，主要是企业在推动，一些物联网企业、控制和通信方面的企业都参与其中。所以从产品的角度来讲，智慧灯杆的模式是很好的，它的理念是合理的共享利用，但是有两大问题解决不了，就没法大量推广。

一是标准化问题，它的设计、制造，以及后续维护都没有实现标准化。因为一个企业生产一种产品，如果在路上大量布设的话就会存在很多问题。有些企业是初创型的，这条路上用了某一家企业的产品，如果两年后这家企业倒闭了，那么这个设施在维护时基本找不到维护方了，所以这个问题很重要。

二是这些设施的功能应用问题，它的投资建设模式要跟"管理主体多、权属单位多、设施要求多"的特点相适应。因为那么多功能都有各自的管理主体，都有各自的资金来源，由此，智慧灯杆模式解决的思路是，把管理主体的不一，变成管理主体的统一，但这个事情是很难做到的。可能在小型城市或者是在同一个园区里面可以做得到，但是在上海这样一个特大型城市，不可能做到管理主体统一。

所以换一个模式，从政府推动的角度提出了"综合杆"这一概念，目的是把杆体进行整合。前面所说的灯杆问题更多涉及的是功能配置，但是三个"多"的问题得不到解决，功能需求不会在同一个时刻集中在一根杆子上出现，而且它的主体不一样，所以我们要解决这个问题，就提出"综合杆"的概念。就是把共同的建设要素进行统一，而不是统一所有的东西。

其理论体系，是把综合杆打造成道路上需要立杆设施的一个支撑平台（图10），这个平台体系由 4 部分组成——综合杆、综合设备箱、综合电源箱、综合管道，共同构成一个综合管理信息平台。把综合杆作为城市的基础设施来定位，道路建到哪里，这个体系就建到哪里。

针对道路上各类需要立杆的设施，综合杆会提供 4 项最基本的服务。第一是物理搭载服务，上面可以提供搭载的阵地，无论是摄像头、信号灯，或是未来的基站，都可以提供搭载位置；第二是提供信息传输通道，通过管道、箱体提供这样的通道；第三是电力供应保障，电力要统一提供；第四是可以提供未来的数据共享。所以我们把前面的"四个不一"变成了"四个统一"，但是统一的程度或统一的范围是不一样的。我们把综合杆这 4 个部分，作为城市的基础设施，由政府来统一建设、统一管理、统一服务、统一标准，这是综合杆的理论体系。围绕这个体系，我们对这 4 个设备进行重新研发。

下面介绍一下综合杆的特点和样式。首先是功能的集约化（图 11），我们根据设施的需求不一，在不同的高度搭载不同的设施，进行如图 11 所示的一个示意性的分布。根据分布情况和受力情况，对杆子的要求是不一样的，包括对杆体的材料、材质、结构设计都有变化。

更关键的是要实现模块化、标准化，几乎所有的杆子都由 5 大主要部件组成：主杆、副杆、灯臂、挑臂、卡槽。所有的厂家都按照标准化生产，就可以互换。如

图 10
综合杆为核心的智能承载
平台体系构成
图片来源：上海市住房和
城乡建设管理委员会设施
管理处

图 11
综合杆特点：功能集约化
图片来源：上海市住房和
城乡建设管理委员会设施
管理处

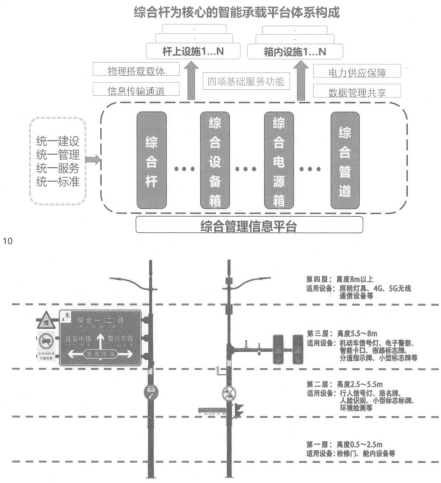

10

11

图 12
综合杆特点：结构模块化
图片来源：上海市住房和
城乡建设管理委员会设施
管理处

图 13
综合杆特点：规格系列化
图片来源：上海市住房和
城乡建设管理委员会设施
管理处

图 12 示意，主杆材质是以合金钢为主，副杆以铝合金为主。

　　还有规格系列化，就是前面说的主杆五大部件，每个部件都有一系列编号，比如主杆有 5m、6m 高的，粗细有 280mm、320mm 的不同规格，采用不同规格部件可组合成一系列不同杆型，根据各条道路的路幅情况，可以适应不同的场景（图 13）。

　　结构的设计单位，类似于超市式的采购，根据这个部分的外部荷载所需要的搭载要求进行型号的选择，然后进行组装。各个部件之间的接口全部标准化，特别是法兰接口，每个企业生产的都一样，可以互换。我们跟华为合作，5G 接口的设定也是标准化的。杆子上面搭载的设施不是简单的抱箍，搭载接口必须是卡件、卡槽的连接方式。

　　更关键的是杆子的安全性，我们把荷载做得可视化。每个杆子规定型号的同时，规定它的额定荷载是多少，厂家出厂之前必须把它标准化。比如说型号为 6.5m 高、240mm 粗的主杆，就必须满足一个额定的荷载要求。如果使用过程中，没有达到荷载要求是厂家的责任。所以把这个荷载额定好以后，今后上面搭载什么设备，这个杆子上面有多少荷载，还可承受多少荷载，都可以通过计算机系统进行管理，安全性能够得到很好的保证。这个系统也可以把荷载设计的模型全部变成小软件，只要把几个参数输进去它的弯矩、扭矩等数据就能全部输出。

　　另外，杆体内部的穿线要集成化，不同的设备在上面有不同的组线。

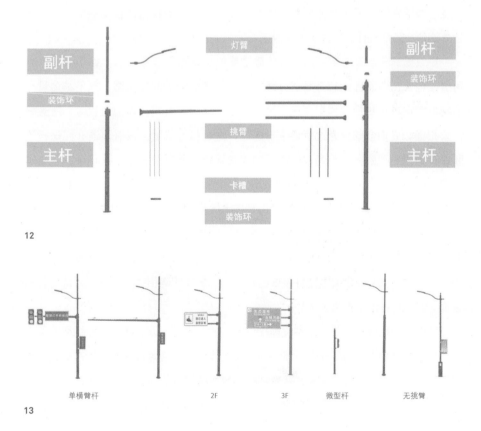

12

13

以上是综合杆的一些特点。另外，综合设备箱也是我们新研发的设备（图14），通过一套整合概念，把路上原来的落地箱或者抱箍箱统一起来，整合到一个箱子里。这个箱子是为配套综合杆上各类设施设置、集成建设的机箱，为这些设施的相关控制、通信、管理设备提供安装仓位，并提供供电、接地、布线等服务。综合设备箱里有4个仓位（图15），杆子上面所有的设备、设施的光纤、电源等，都统一为一个箱子，相当于建房子留了4个客房给大家用。

整套电气设备都是采用电源模块统一供电，比如多个设备要稳压电源，每个用户也都需要稳压电源，那就统一稳压、统一供电。

2021年，实现了设备箱的自动化管理和远程控制，里面的温度、电流电压、烟火感应，全部由智能采集系统和后台综合管理平台进行对接，每个箱子运行的状态都能够自动监测。

箱门锁还要做到电子化管理，有三种开锁模式：一是远程授权，二是现场QP印模式，三是蓝牙模式。锁的管理是非常重要的，谁来开锁，什么时候开锁，都可以电子化管理。

还有一个非常重要的设备就是综合电源箱，城市管理中，道路上的很多箱子都是电力供应箱。通过电力申请电源，一是费用大，二是新申请后路上要埋设很多箱子。从电力供应这个角度，我们需要统一集中供应。因为现在很多公安交警需要飞线接电源，理论上应该规范申请，但实际上大部分做不到，所以乱拉飞线的情况非常多。我们给公安交警统一供电后，将财政支付的电费统一支付，其他非财政支付的由使用方各自支付，我们把通道全部留好，为路上的设施提供了一个很好的管理环境。如综合电源箱供电示意图（图16）所示，统一给综合设备箱供电，然后它独立给每个路灯和杆上的其他设施供电。

更重要的一点是管道，四位一体最主要的是管道要互连互通。如果说把电力通道或信息公司通道比喻为高速公路的话，管道实际上就是支路，是毛细血管。毛细血管必须把其他设施都打通，跟控制箱、综合设备箱、其他主管道、所有杆件要相通，它们全部要通过管道进行连通，这是核心要素，没有连通，光是杆子竖在那是没有用的。作为建设中的管理信息平台，要对所有设施进行系统化管理（图17）。

为了这个模式的形成，从法规方面和技术体系方面这两大支撑体系，有两个法规文件要出台（图18）。一是要明确综合杆的地位和属性，作为一个城市的基础设施，要通过法律来明确它。修订现有法规《上海市城市道路管理条例》，确立综合杆设置的合法性以及确定其他立杆设置的条件。二是在明确相关法规后，对综合杆的管理，要依照行政法规来规定。

综合杆今后是为杆子上各种设施提供服务的，跟杆上设施的关系和场所的关系是一个重要话题。因为没有统一所有的管理主体，是"统筹管理"，不是"统一管理"，这样就合理避开了原来"智慧灯杆"推不动的问题。

图14
综合设备箱功能与特点
图片来源：上海市住房和城乡建设管理委员会设施管理处

图15
综合设备箱分仓示意图
图片来源：上海市住房和城乡建设管理委员会设施管理处

图16
综合设备箱供电示意图
图片来源：上海市住房和城乡建设管理委员会设施管理处

图17
综合管道功能与特点
图片来源：上海市住房和城乡建设管理委员会设施管理处

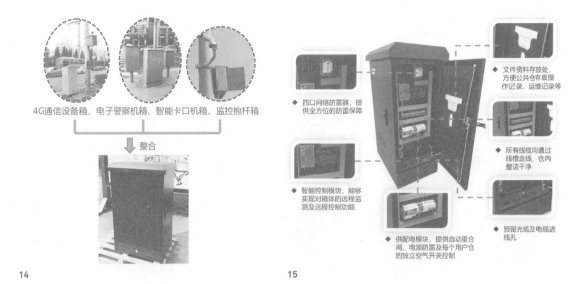

4G通信设备箱、电子警察机箱、智能卡口机箱、监控抱杆箱

整合

◆ 四口网络防雷器，提供全方位的防雷保障

◆ 智能控制模块，能够实现对箱体的远程监测及远程控制功能

◆ 供配电模块，提供自动重合闸、电源防雷及每个用户仓的独立空气开关控制

◆ 文件资料存放处，方便公共仓存放操作记录、运维记录等

◆ 所有线缆均通过线槽走线，仓内整洁干净

◆ 预留光缆及电缆进线孔

14

15

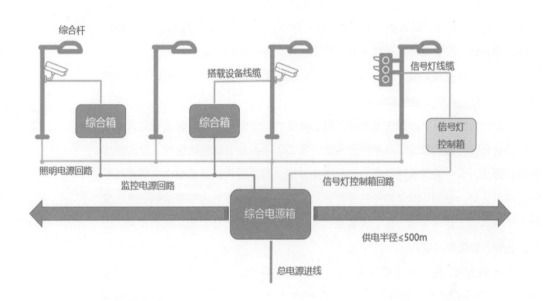

综合杆

搭载设备线缆

信号灯线缆

综合箱

综合箱

信号灯控制箱

照明电源回路

监控电源回路

信号灯控制箱回路

综合电源箱

供电半径≤500m

总电源进线

16

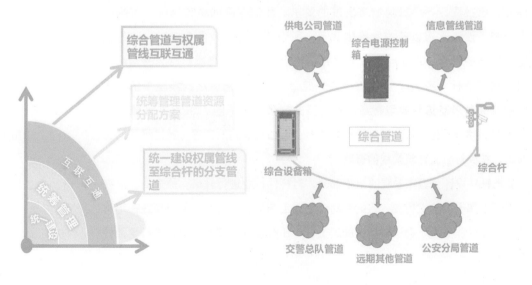

综合管道与权属管线互联互通

统筹管理管道资源分配方案

统一建设权属管线至综合杆的分支管道

互联互通

统筹管理

统一建设

供电公司管道

综合电源控制箱

信息管线管道

综合管道

综合设备箱

综合杆

交警总队管道

远期其他管道

公安分局管道

17

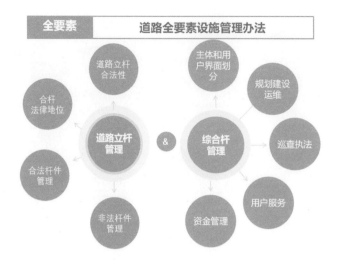

图 18
法律法规与管理制度建设
图片来源：上海市住房和
城乡建设管理委员会设施
管理处

对于技术体系（图 19），相关的上海市地方标准年底会出台，现在初稿已完成。从设计、施工、验收，到维护，是一套完整的体系。目前，为了这两项工作的推进，已经把综合杆、设备箱等的一些要求，通过行政文件的方式印发。

综合杆开展建设的整个历程从 2015 年大沽路试行的智慧灯杆开始，再到目前推广的综合杆，实际上是模式的转变。

目前综合杆的模式已经在上海市得到全面推广，主要从三个方面进行建设：第一，结合正在开展的架空线入地同步实施；第二，今后所有道路大修时，全部同步推进；第三，在一些现有路段中心城区逐步改造。基本目标就是把整个上海市的杆件全部整合好。当然，除了综合杆整治以外，整个架空线入地合杆整治的理念，实际上还有其他的更多事项，核心要素是"做减法"，城市道路设施、城市家具、公共设施等，首先要减量。

今天的上海，路上的设施越来越多，在减量的同时，要做全要素的整治，"多多合一"的核心就是"整合"。因为原有粗放式的发展———杆设施或者这种模式，已经适应不了目前城市发展的要求。我们有限的城市空间、有限的城市道路，没法支撑以前的发展模式了，所以要推行"多多合一"。这是我们整治的一些效果，市政府旁的黄陂北路整治前有 17 根各类杆件，整治后减少为 4 根综合杆（图 20）。武胜路合杆整治也是市政府旁边的典型案例，上海市的交通岛多是这种典型布局，整治后的效果明显（图 21）。在外滩区域杆件的利用情况（图 22），可以看到杆件对上面加载设施的管理，通过杆子的综合利用，减少对后面建筑景观的影响。

要把杆件设计为城市景观的组成部分，对杆件行业进行升级。原来的行业在制造工艺上属于粗加工行业，它的用材、制造工艺都非常落后。所以现在在培育新的杆件生产服务商，通过材料、施工工艺，还有设计安装的效果，进行全面控制和提升。

图19
综合杆设施技术标准体系建设
图片来源：上海市住房和城乡建设管理委员会设施管理处

图20
上海市黄陂北路合杆整治案例
图片来源：笔者自摄

图21
上海市武胜路合杆整治案例
图片来源：笔者自摄

图22
上海市南京东路、外滩区域合杆整治案例
图片来源：笔者自摄

工程建设	设计规范	施工规范	监理规范	验收规范	运行规范	养护规范	养护质量评价规范	运行维护
			主要产品技术标准			**运行维护专项技术规程**		
设备材料	综合杆	综合设备箱	综合电源控制箱	其他设施	维护工法	事件处置	数据编码 ●●●	技术支持
其他	工程后评价技术规范	设备设施编码要求	施工工法	标准图集 ●●●				

19

20

21

22

本文原载于"中国城市家具标准化国际论坛论文集系列"《城市家具与城市更新研究》，鲍诗度主编，中国建筑工业出版社，2022。

包容性设计视角下公园城市家具设计研究

Research on Inclusive Design Perspective in Urban Park Furniture

周红旗　黄蕊玉　陶依柳　戴可欣
上海外国语大学贤达经济人文学院

1 引言

　　习近平总书记提出的"人民城市人民建，人民城市为人民"重要理念，为城市的建设指明了发展方向。[1] 城市的公共游憩空间是城市生活的有机组成部分，只有面向广大民众，才能推动城市快速、健康、高质量的发展。城市家具作为实现城市精细化服务的关键载体，[2] 使用者不仅有身体健康、行动自如的普通人，也包括老年人、残疾人、孕妇、儿童以及因为意外造成短时间行动不便的人群等，提供适合所有人游憩、活动、交流的城市家具是空间建设和发展非常重要的内容。目前，公共空间城市家具存在缺乏人性化关怀、缺乏城市文脉延续性的问题，[3] 在一定程度上不能满足市民的需求，不合理的设计也会造成对环境的影响和资源的浪费。

　　包容性设计是一种考虑到使用群体多样性的设计视角和方法，面向不同年龄、不同行为能力和不同身体机能的使用者，要求设计适应最广泛的用户。[4] 在城市家具设计中采用包容性设计，其目的就是尽量考虑所有用户的需求进行设计，为尽可能多的人提供没有障碍的环境，体现"以人为本"的设计宗旨，最终实现人人都能平等参与社会活动的目标。包容性设计的理念，体现了尊重、共存和融合的社会发展趋势，在城市的建设和发展中受到越来越多的重视。因此，本文从包容性设计理念的角度出发，针对上海市闵行区古美公园及滨水游憩带的城市家具展开调查，提出包容性设计策略，并进行设计实践。研究旨在完善和提升现代城市家具设计品质，更好地满足使用者的需求，适应城市高质量发展的需求。

1　侯晓蕾，邹德涵.城市小微公共空间公众参与式微更新途径——以北京微花园为例 [J].世界建筑, 2023(4): 50-55.

2　蔡宇超,张杰,田蜜,等.城市家具设计的理论、方法与问题研究.家具与室内装饰 [J]. 2021（12）：11-15.

3　杨玲.城市家具设计的策略、方法与实践 [J].包装工程, 2017, 37（8）：40-43+ 封 2.

4　林海,孙超然, 王燕.基于包容性设计的传统农贸市场改造研究 [J].装饰, 2022（12）：130-132.

2　包容性设计理念

5　朱博伟.基于用户行为能力的产品包容性设计研究 [D].镇江：江苏大学，2019.

　　"包容性设计"的概念源于 20 世纪 90 年代中期，是人们为解决当时出现的弱势群体生存、人口老龄化以及社会不公等问题所做出的设计探索。包容性设计目前权威的定义来源于 2005 年英国标准协会推出的 BS7000-6 标准，其定义为："一种对主流产品或服务的设计，使得产品和服务在全球范围内、各种情况下、最大限度地能被更多的人接近和使用，而不需要特殊的适应和专门的设计。"[5] 它强调理解用户的多样性，并据此制定设计策略，为大众提供平等的机会来参与、互动和分享，从而使产品或服务能为尽可能多的人使用。包容性设计通过对无障碍设计、适老化设计的反思，关注如何通过设计体现社会的平等、尊重和包容，从而更好地满足人的生理需求、心理需求和精神需求。

3　古美公园城市家具设计现状分析

3.1　古美公园概况

　　古美公园位于上海市闵行区万源 A 街区，占地面积 98630m²，是以湿地植物为特色，提供多种亲水体验，以水生态技术应用和娱乐健身为核心功能的生态型休闲公园。公园呈"蝶状"布局，分为湿地涵养区、生态密林区、入口过渡区、环湖活动区、文化展示区、运动场地区 6 个功能区，整体布局紧凑、空间丰富，可以有效满足周边居民休闲游憩、康体健身、娱乐活动的需求。

3.2　古美公园城市家具设计现状调查

　　通过现场调查可知，公园目前城市家具基本完备，在休息类设施方面提供蝶形座椅、蛋形座椅、休憩亭、长椅等；卫生设施方面垃圾桶密度合适，公共卫生间设计完善，基本可以满足用户需求；信息标识方面目前已设置公园导览全景图、导向标识，注意及警示标识等，对公园用户进行游览引导；管理设施方面提供路灯、监控、求助设施进行有效服务。但是，随着公园影响力的提升和用户游憩需求的发展，公园城市家具在细节方面出现一定不足，主要问题集中在 3 个方面：

　　（1）城市家具设计以身体健康的成年人为对象，缺乏对其他群体的包容性。如位置标识使用书法字体，信息传达不够明确；植物的介绍牌、科普宣传板造型单一，文字较小，无法引起儿童兴趣，老人、眼睛有轻度视障（近视）的用户也不能清楚识别。

　　（2）城市家具缺乏区域特色，整体效果不突出。如公园内护栏、垃圾桶、公共座椅、自动贩卖机等均采用市场上常见工业制品，色彩与功能较为单一，缺乏区域特色。

　　（3）部分城市家具过于追求公共艺术功能，舒适性不足。如为了呈现良好的艺术特色，公园部分座椅采用蝴蝶造型，座椅使用金属材质，座面较窄，且座椅放置在草地上，周边缺乏遮阳设施，实用性不足。蛋形座椅尺度较低，且没有靠背及扶手，舒适度不足。

3.3 用户分析

古美路街道面积 6.5km^2，常住人口近 16 万人，设有 38 个居民区，涵盖 70 个住宅小区，是人口密度较高的区域。公园是市民接触自然、休闲游憩、缓解压力的场所，也是人们锻炼体魄、交流互动、社会交往的区域，使用者涵盖身体机能良好的成年人，也包括老年人、残疾人、孕妇、儿童等，使用者呈现多样化特征。成年人身体健康，行动自如，公园是成年人休闲放松、缓解压力、社会交往的空间；随着年龄增长，老年人的生理机能逐渐下降，中枢神经系统趋于迟钝，行动不灵活，公园是老年用户康体健身、日常休闲、活动交流的空间；儿童年龄跨度大，各个年龄阶段都体现出活泼好动、兴趣广泛、热爱交往的特性，公园是儿童游憩玩乐、科普教育、感受自然的空间；残障群体整体上身体机能呈现不同差异，甚至部分人群需要借助辅助器具才能够进行活动，公园也是残障群体感受自然、社会交往、康健身心的空间。为保障各类群体在公园顺利进行游憩活动，公园城市家具应体现尊重用户特征，提供平等、安全、便利、舒适的使用功能，从而更好促进人与环境空间的互动，有效满足用户身心健康的需求。

4 包容性设计视角下公园城市家具设计策略

公园是面向全体市民开放的公共空间，将包容性设计理念融入公园城市家具设计，提倡公平、易用、安全、舒适、美观的设计策略，可以有效减少环境与个人能力的冲突带来的问题，更好地促进社会和谐发展。

4.1 公平性设计

城市家具设计应当关注平等的使用功能，避免对任何使用者产生歧视和隔离，[6] 才能体现"以人为本"的设计宗旨，如在公共座椅侧面应预留充足的空间，方便游客和轮椅使用者使用。也可以通过提供多元的使用选项来体现公平体验，如休憩空间中根据普通人、婴童、老人的身形特点，将类型不同的休憩设施安排在合适的空间，每个人都可以根据实际需求使用这些设施，这将有助于消除使用的差别与障碍，避免歧视，满足人们的心理尊重需求。提高设施的共用性也是公平设计的重要内容，如导视系统使用文字和图形组合，让所有人都可以便利使用。提供老幼共用的设施，既方便老人看护儿童，也便于亲子共同娱乐，从而体现设计平等特征。通过设计消除障碍，使用者在平等的使用中体会到自立与自尊，这也是包容性设计的意义。

6 许明慧,李翔,赵启明.基于通用设计理念的家具设计研究[J].家具与室内装饰,2019（9）：24-25.

4.2 易用性设计

城市家具的设计应满足简洁易懂、使用便利的要求，以便更好地支持公园中人们的游憩行为。科技的高速发展使城市家具趋于智能化发展，信息的识别和使用的便利性就显得至关重要。老年人、儿童等群体由于认知特性导致无法应对大量杂乱信息，复杂的设计会增加用户使用的难度，从而造成更多使用障碍。因此，简洁易懂、使用便利的设计可以更好实现服务功能，从而提升认知与使用效率。如公园求助设施应色彩明确容易识别，采用简洁按钮与公园管理方相连，连通后求助者可与其简短对话，并告知园方自身准确定位，以便在第一时间获得帮助。导向标识采用文字＋图案＋数字的形式，既可以准确传达信息，也便于信息识别和理解。

4.3 安全性设计

公园的城市家具造型多样，功能丰富，能为用户的公共生活带来便利。但是，任何形式的城市家具，在设计过程中必须注重安全性。首先，设计应提供安全保障，防止意外伤害的发生。如公园有大面积水域空间，水边游憩空间应合理设计护栏，保证人们在使用过程中的安全性。合理的路灯设计，提供合适的亮度和灯光，即使在夜间也能供人安全使用。公共活动空间附近可以设置求助或报警装置，提高安全防护。其次，应注重城市家具使用的安全。如各类城市家具结构合理，材料适宜，不会对人体造成伤害。城市家具与人体接触的边角尽量设计为圆角，以防止磕碰伤害的发生等。

4.4 舒适性设计

设计的目的是满足自身的生理需求和心理需求，这是人类设计的动力，因此，各类城市家具设计首先需符合人体使用尺度，以便于使用者以自然的姿势使用。其次，为了获得舒适的体验，材料方面应优先选择人体触感较好的材料或者采用综合形式，如混凝土、石材、铁等材质较为冷硬，需要与木、竹材等具有亲和性的材料配合使用，可以有效避免材料使用的冰冷感，使用户获得更舒适的体验。最后，提供独具特色的场景和设施也可以增加游憩趣味，有效吸引用户，通过互动活动使人们获得愉悦、舒适的体验。

4.5 美观性设计

城市家具的美观性首先应考虑与自然环境协调。各类设施的外观形态、色彩表现、材质使用都应当考虑结合区域环境特色进行设计。如浦江郊野公园奇迹花海区使用花苞造型的路灯，与自然生态的环境进行融合，给人美观的感受。其次，城市家具设计可以结合区域特色文化进行，在造型、色彩、材质、细部设计中突出场所特性，从而体现出区域的审美特性。如广富林郊野公园就使用陶罐造型设计垃圾桶，古朴的形态体现了广富林文化的特色，展现出公园的文化品质。

5 城市家具包容性设计实践——植物科普屋

5.1 设计概述

本次设计关注城市家具包容性理念的体现，以植物科普屋为项目主题进行设计实践探索。植物科普屋总体长11.5m，宽6.6m，高4.8m。设计从古美公园的"蝶""植物"等具有地域特色的元素入手，面向多样化用户，打造一个具有休息、娱乐、科普、观演等综合功能的开放式城市家具。科普屋室内空间设计有旋转植物板、互动屏和阶梯式坐具，整体造型简洁，色彩明快醒目，识别度高，考虑到夜间使用的安全性，外表皮选用可发光材质。植物科普屋通过特色空间拓宽用户的社交形式，互动类的功能区块也增加了科普的趣味性与实践性，有效满足公园用户使用需求（图1）。

5.2 设计细节展示

1. 顶部设计

顶部采用交叉式造型塑造几何化的蝴蝶形态，增添了空间生机。倾斜的屋顶可以有效防止下雨时屋顶积水，考虑获得更好的采光效果，顶部设计三块梯形玻璃板增强透光性；坡顶表面设计具有等距镂空的隔栅，为爬藤类植物生长提供条件，更好地体现环境融合特征。

2. 旋转植物板

旋转植物板由两块长0.4m，宽0.4m，厚度为7mm的亚克力板组成，以一种类似显微镜载玻片的形式，展现植物形态。植物科普立牌由夹着不同种类植物标本的透明玻璃板串联在细管上，为可旋转的互动板，每个立牌都贴有对应植物的知识

1

图 1
植物科普屋效果展示

图 2
旋转植物板

图 3
互动屏

图 4
互动屏功能与时间分配
情况

科普，游客可通过与科普立牌的互动更好地认识身边的植物，实现实用性、经济性、趣味性、美观度的综合呈现（图 2）。

3. 互动屏

互动屏长 2.3m，宽 5.3m，设有感应装置，可进行互动类荧屏游戏，也可以实施节目展演，演出播报，可以丰富儿童、青年、老年群体信息交流、日常游憩活动（图 3）。

通过调查得出公园人流在中午前老年群体比例较高，下午时段青少年及家长群体出现较多，晚间中老年群体较多。故结合实际情况，设立了针对性的屏幕功能与时间分配方案（图 4）。平时可进行观赏类节目展示，如播放古美公园植物科普片、专家植物讲堂、观赏相关植物画作等；也可以播放党政新闻、社区留言、节日专场（文艺活动、演出类）、红色电影等；还可以进行互动类游戏活动，如瓶接水滴、拼图游戏、互动足球等。

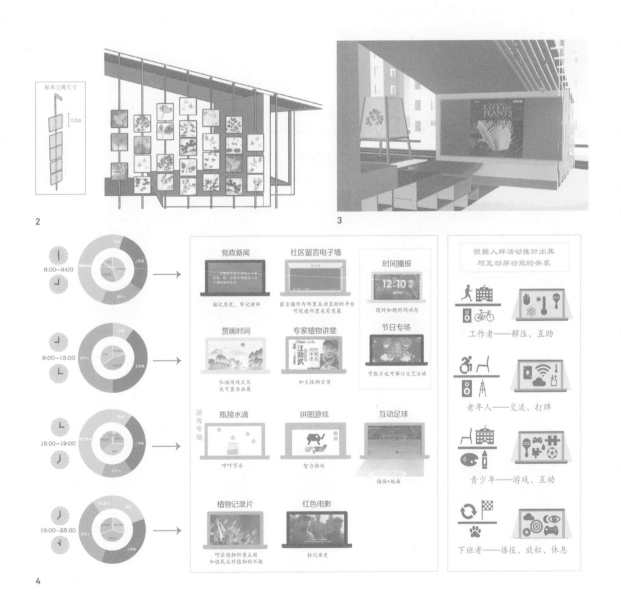

4. 阶梯式坐具

考虑到不同用户的休憩尺度需求，科普屋内设计了阶梯式坐具。坐具为互动屏节目观看者提供就坐空间，也可以满足用户休息需求；色彩明亮、高低错落的坐具造型也容易引起儿童的兴趣。阶梯处与人体直接接触的部分都采用柔软性高、防滑耐用的橡胶材质，以提高就坐舒适度。坐具下方利用空间形态设计为物品置放格，提供包、水瓶、书籍、玩具等随身物品存放功能，有助于用户休憩、休闲、娱乐活动的开展。

5. 材质、色彩设计

该城市家具的主要材质采用聚乙烯包裹外壳，结构框架部分则采用坚硬的金属材质与防腐木材；与人体接触的部分采用软性橡胶材质。颜色选用方面，其内外主色调均为橙黄和灰紫色，环保涂装。从立面角度看，两种颜色相互交错，形似展开双翅的几何化形态蝴蝶。通过明度高、对比度强的颜色，使之具有辨识度，并与后期其他城市家具的设计风格形成直接联系。

6 结语

《上海市城市总体规划（2017—2035年）》提出规划的主旨就是让各个年龄段的居民都能够享受在上海的生活，并拥有健康的生活方式[7]。公园作为城市公共开放空间，已经进入市民的日常生活，成为其日常休闲、游憩、感受自然、强身健体的有效途径。使用包容性设计的理念进行城市家具的改善设计，有助于打造公平、便利、舒适的空间环境，提供更好的用户体验，进一步提升城市生活的品质。

7 上海市城市总体规划 2017—2035年 [EB/OL]. （2018-01-04)[2022-1-5]. https://www.shanghai. gov.cn/newshanghai/ xxgkfj/2035004.pdf

重新界定实验性建造与设计边界——城市家具设计实践

Redefining the Boundary Between Experimental Construction and Design: Urban Furniture Design in Practice

辛长昊 胡仁茂 吴爱民
同济大学建筑设计研究院

1 引言

勒·柯布西耶（Le Corbusier）的名言"住宅是居住的机器"，既是现代建筑开宗的宣言，又是后人批判诟病的靶子。人们往往关注"机器"一词的冷漠属性，批判现代建筑运动忽视人文精神和人性关怀。如果我们考虑到柯布西耶提出此语的背景，就会更深刻地理解他对时代进程的精准把握和高度概括。"机器"一词源自拉丁语和希腊语，意为"机关""装置""为产生某种特定结果而建构的一种工具"。柯布西耶借用"机器"的概念，主张以理性精神来创造一种满足人类实用需求、功能完美的"居住机器"，同时强调了人在建筑中的中心地位，使现代建筑设计有了人本主义的抓手。而口号提出的另一个意义在于对新建筑建造方式的预言，作为实干家的他基于钢筋混凝土结构的特点发明了多米诺体系，引领了机器时代的建筑建造方式。

另一个相关概念是"机器美学"，柯布西耶的建筑设计常常模仿轮船、飞机的部件造型，但与机器的内涵并无关系。就建造逻辑而言，只是一定程度上利用混凝土结构的可塑性，展现视觉层面的机器形式，而更充分地体现机器时代的建造文化则发生在几十年后建筑电讯派（Archigram）的前沿探索和高技派建筑师的作品实践，相关内容将在下文展开阐述。

本文所提到的"机器语汇"是在建筑学范畴对现代建造方式以及表达形式的探讨。机器文明的产生尚不足300年，因其对整个人类社会的生存环境、生活方式以及生态面貌带来翻天覆地的变化，现代人往往会在享受从未体验过的便利和刺激时，忌惮其对田园牧歌式的生活造成不可逆转的破坏。柯布西耶等一代建筑宗师带着高昂的热情建立起现代建筑一整套理性、抽象、简洁的视觉表达体系，经过第二次世界大战后几十年在全球引起的城市爆炸式扩张后，其粗放、快速、超大尺度的发展方式受到海内外同仁们的猛烈抨击。王澍先生就从未停止过对中国过去30年现代化城市建设的批判，有趣的是，他特别强调新旧融合的材料"工法"的重要性，他的建筑既有东方传统记忆的意境，又有现代建造技艺的探索，让人强烈地感受到他的建筑有一套完整的建造体系，把物质属性的众多元素基于人的尺度和感受建构起来。这正是对中国传统木结构建筑灵魂的准确把握！谈到传统建筑，我们往往谈及具有代表性的四角飞檐的大屋顶、钩心斗角的斗拱榫卯、富丽堂皇的雕梁画栋等特征，然而就发展的本质而言，这是古代工匠们几千年来持续不断地针对木头的材性以及对手工建造的工具的切磋揣摩、逐渐完善，才形成的一整套具有木结构建造语汇、细节生动、充满诗意叙事的亭台楼阁。这也是为什么当今天的设计师用混凝土的建造方法表达对传统文化的致敬时，会变得像僵尸一样、没有灵魂的空架子——因为它不具有合理性的建构体系。同样，那些亚洲成功的木结构建筑探索者（包括日本的隈研吾、坂茂等）是在传承古代东方智慧的基础上，借助现代建造材料、技术、机器设备的研究，推出符合物性和东方诗意的表达方式。

所以，断言机器语汇是反自然、反人性的表达也过于武断，虎克公园工作营的实践在原始森林中寻找树枝，然后用最先进的建造手段搭建极富自然气息与力量的实验性微型建筑，正是弥合机器与自然裂痕的一种积极尝试，笔者在英国的经历也为后面的"城市家具"实践做了生动有趣的理论和创作方面的准备。

2022年是人类共同面临的特殊时期，让人们客观上有了沉下心思考的状态，恰逢古美杯城市家具方案征集竞赛，直觉告诉我，本次城市家具设计竞赛是一次实验性建筑实践的绝佳机会。

彼得·库克（Peter Cook）是巴特莱特建筑学院（The Bartlett）的院长，也是建筑电讯派的创始人之一，是实验性建筑的鼻祖。他喜欢收集亭子形式的城市家具，近20年来拍摄了来自世界各地的各式各样亭子（Kiosks）。他非常沉迷于这种活动，并试图把这些小亭子作为他建筑设计灵感的试验装置（图1），对他来说亭子就像是一种全球性的文化元素，本质上是一个可以增加市民之间的沟通交流的艺术装置。亭子作为城市家具的一员，相较于一般需花费长时间设计建造的建筑项目来说，虽然其构成较为简单，但因其体量小、成本低以及与人的尺度及行为关联更加密切，可以在更加宽松的创作前提下发挥其实验性、创造性和趣味性。彼得·库克在17岁时曾在德国一个水果亭卖水果，他指出：亭子不仅是卖水果的小摊，也不只是一个交换二手书的亭子，如果以艺术装置的方式去思考城市家具的设计，往往会带来更多幽默的表情，能更多维度地突破人们对城市家具的刻板印象。

托马斯·赫斯维克（Thomas Heatherwick）是一位英国新锐设计师，在过去的二十年里，他多产而多样的作品以其独创性、创造性和原创性为特征。他于

1

图 1
彼得·库克在中国台北设计的小亭子（Taipei Kiosk），位置坐落于台北市敦化南路二段与信义路交叉口的林荫大道分隔岛上，库克指出亭子已然成为一种与建筑相关的表现方式，而每个地方亭子的表现方式又不尽相同。亭子的概念与内容其实是类似建筑的，可以看出此地如何通过亭子来呈现当地文化的形态
图片来源：https://www.xinmedia.com/article/15355

图 2
托马斯·赫斯维克在伦敦设计的翻滚桥，该桥横跨帕丁顿盆地运河主入口。大多数桥梁的设计都会让桥体断开从而让船只通过河面，但是赫斯维克工作室设计的是一座能让开船只的桥，他们使用了一种更加柔软的机制通过突变来抬升桥面
图片来源：左图，笔者自摄；中图、右图，https://www.heatherwick.com/projects/infrastructure/rolling-bridge/

2

1994 年创立了赫斯维克工作室，打破了传统的设计学科分类，将设计、建筑和城市规划的实践结合在一起。赫斯维克活跃于跨界工业制造领域，擅长将艺术思维应用于每个项目，创作出我们这个时代最受欢迎的一些设计。他制作了一个非常有趣的城市作品"翻滚桥"（Rolling Bridge）（图 2），是一种新型城市家具，观察它的设计节点不难发现，他把机械结构（助推器）与钢结构融合，用马达驱动推进器来完成整个结构的蜷曲伸缩。

作为老一辈的英国建筑思想家，彼得·库克主张捕捉新兴科技动态推测、构建未来实验性建筑的可能性；新一代英国鬼才建筑师托马斯·赫斯维克则身体力行，以解决问题为导向整合设计学与其他学科的边界，跨界探索建造创新来实现充满艺术冲击力的城市作品。中国正处在一个城市更新、转型发展的关键时期，应当基于我们的文化内涵，以建筑实验为设计目标尝试基于建造为主的设计实践。

2 工业时代与机器语汇

2.1 西方工业文明中机器引发的思考

从西方工业历史角度看建筑，它与机器长期以来相互影响、交织在一起。回到现代主义的黎明时期，机器因为提供经济生产和提高制造效率的能力使其成为建筑类型学的基础。然而，在大多数情况下，这种专注力集中在功能和优化的标准上，忽略了更重要的空间体验，直接将建筑简化为一件实用工具。

自从工业革命以来，机器就被认为是造成许多社会弊病的罪魁祸首（图3）。即使随着计算机科学和自动化或半自动化技术的发展，减轻了劳动力的负担，机器制造也未能摆脱其负面效应，成为人性化生存方式的对立面。与传统的手工业生产相比，机械化的大规模生产被认为是冰冷的、没有灵魂的。

但是与其关注传统手工和机械化生产之间的矛盾和冲突，还不如从另一个角度看待机器。一个系统性的建筑学观点表明，机器应该被看作是另外一种基于人类智慧的设计和发明建造的工具。把整个建造的过程当成一个整体来看待，人类与他们的发明——机器，相互作用，发生互动，产生了一种具有表述行为的生产手段。具体就建筑而言，剥离了传统的功能和效率的表征，使我们能够重新思考机器，并将其作为重要的物理表征，融入表述行为的建筑学实验流程中。

建筑师，也是设计师，追求的最终目标是整合来自不同学科的知识，同时创造一种合乎规范的存在形式。在20世纪90年代英国伦敦大学学院巴特莱特建筑学院的一次导师演讲中，彼得·库克强调了建筑师塑造物理环境（亦称物理"存在"）以进行社会互动的能力。基于这一目标，库克强调了探索"建筑领域以外的深耕领域，以恢复建筑与生俱来的权利"的价值。批判地说，机械形成了这样一个值得深耕的领域——一个潜在的建筑思想的宝库，一个与科学技术产生共鸣的美学表现的来源。这些相关领域跨学科合作，可以探索建筑的新形式以及"物理存在的外在表现"。

2.2　机器带来的启发

20世纪30年代，受工程工业生产的启发，勒·柯布西耶使用机器的隐喻来说明机械化生产所能实现的合理化和标准化，以及它的美学表现（图4）。对于瓦尔特·格罗皮乌斯（Walter Gropius）来说，这两个方面也是相辅相成的：合理化并不是创造力的障碍，而是"未来的机器产品将获得更深远的意义和艺术表达"的手段。

然而，二战后当欧洲和美国的城市景观环境正在进行大规模重建和扩张时，某种程度上基于机器其在功能主义的理想启发了建筑学的发展，但只是停留在形式上，并没有转化为工业化建筑的现实。正如尼克·卡利科特（Nick Callicott）所指出的，很少有机械化制造和建造技术可以直接应用于建筑工地。建筑行业很少探索新技术的应用，而是专注于生产过程中劳动力的科学管理。

这次失败使人们的情绪发生了变化。20世纪60年代，雷纳·班纳姆（Reyner Banham）反对以机器为基础追求美学形式的想法，他写道，建筑的形式不如建筑围护结构内机械系统的整合重要。他的"环境泡泡"项目试图说明物理形式向机械设备集合的投降（图5）。"家不是房子"，他在1965年断言："当你的房子包含了如此复杂的管道、烟道、管道、电线、灯光入口、插座、烤箱、水槽、垃圾处理器、高保真混响器、天线、管道、冰箱、加热器——它包含了如此多的服务，

3

4

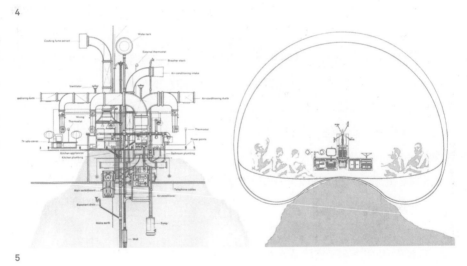

5

以至于硬件可以自己站起来，而不需要任何房屋的帮助时，为什么要有一座房子来支撑它？"菲利普·约翰逊（Philip Johnson）1949 年发表的"玻璃屋"（The Glass House）在某种程度上预示了这一观点。约翰逊的房子更像是一个隐藏在环境中的服务站——一个非常小的结构，里面有一个非常强大的机器。

班纳姆的想法对建筑产生了深远影响，因为我们开始进入数字时代，智能计算系统创造了从物理环境中收集数据的能力，并将其转化为具有形状并且可以分析的数字反射。这种可预测的监测和模拟系统提供了一种高效评估机器性能的方法。建筑的形式越简单脆弱，它就越易于根据其机械性能进行量化。面对气候变化、能源短缺和粮食不安全等全球性挑战，环保建筑越来越多地获得自己的性能指标，如太阳能、风力收集、LED 点或智能外墙。但这种对具有表述行为建筑的解释实际上有更深的根源，与 20 世纪六七十年代的技术爱好者团体和趋势（如控制论和建筑电讯派）有共同的血统（图 6）。这些项目具有高度实验性和低效率的特点，往往在实用性方面面临失败，但在性能概念上却取得了成功。

3　建筑学跨工业设计的设计方法思考

机器带给我们的不仅是建筑学的修辞，更是推测未来可能性的一座桥梁，毕竟建筑是物理存在，靠近科学技术的推测才更有可能被建造出来，这样的探索是基于工业建造、现代科技、材料特性共同组合探索出来的一条设计建造一体化的技术路径。

3.1　钢结构实验建造的探索

笔者于 2016—2019 年于伦敦大学学院（UCL）的巴特莱特建筑学院学习深造，期间在 HERE EAST 和 AA 虎克公园都有实验性建造的经历。HERE EAST 是一个跨界实验性工厂，给建筑师、工程师、计算机科学家、数学家、人类学家等不同学科领域的人才并肩工作的地方；AA 虎克公园 design and make 项目是探索以木材为主的实验性建筑基地。

在 HERE EAST 内部，有专业的大空间工作室，内部有各种工业机械设备和手工设备。大多数机械设备是现代化数字控制设备，如六轴 cnc 机器、激光切割器、水切机、金属弯折机器等；手工设备可对金属和木材等材料进行塑形、切削、打磨、开洞、攻丝等加工，如锤子、刨子、锯子、钻头等。设计师们可以在工厂内部亲自操作各种手工以及机械设备制作完成模型小样、1 : 1 的模型大样，直至最后的实验性作品。除了数控机床等精密的仪器制造设备，还有雷达扫描装置可以进行逆向建模，相较常规的数字化建模软件可以模拟的形态，逆向建模可以更大程度还原非矢量的任何物体的状态和信息精度。

笔者在 HERE EAST 实验基地和 AA 的虎克公园用工业化的设备以及传统手工业的迭代混合，针对金属材料，探索了其可塑性（图 7）。金属的表现形式来源于对它的加工生产工序和加工过程中，基于原始状态对其施加的外部力，比如铝的传统铸造是用高温熔炉把铝融化至液态，然后灌注到由砂土制作的中空模具内，等凝固后金属会呈现模具内部空的部分的形态（如图 7 左图编号 10146 号实验件）。如果金属的原始形态是铝块，那么机械化的 cnc 加工是一个控制数字编程路径逐步削减体量的过程，cnc 机床通过对机器端部工具精度的转换实现粗磨到细磨的转换，逐步把金属零件打磨出来（如图 7 中图编号 10098 号实验件）。对于原始状态为薄板的金属，如金属板通常厚度小于 25mm，则需要用到激光切割、金属弯折电焊等工序（如图 7 右图编号 10135 号实验件）。

延续上述金属材料中对于钢铁弯折可塑性的进一步深入研究，笔者探索了基于

图 6
居住 1990 项目，建筑电讯派通过项目展示了住宅笼子下层的主要部分，具有灵活自由可移动的服务设备、机器、墙壁，服务的是麦克·韦伯（Mike Webb）的汽车套房项目中穿戴"Cushicle"的居民。房子被重新定义为一个被子或衣服，使得穿着者能够携带一套完整的个性化环境，并在他们的背上提供所有的服务。每个人都可以链接到朋友的Cushicle，这个插头可以作为链接外部"套子"的一种手段，以产生更大的空间。在 Cushicle 中，首要的任务是探索充气皮肤材料的方法（受宇航服的启发）
图片来源：https://cyberneticzoo.com/robots/1967-robot-fred-and-james-archigram-group-british/

图 7
金属材料的表现形态的可塑性的探索，笔者在HERE EAST 实验室，AA虎克公园实验基地的试验零件
图片来源：笔者自摄

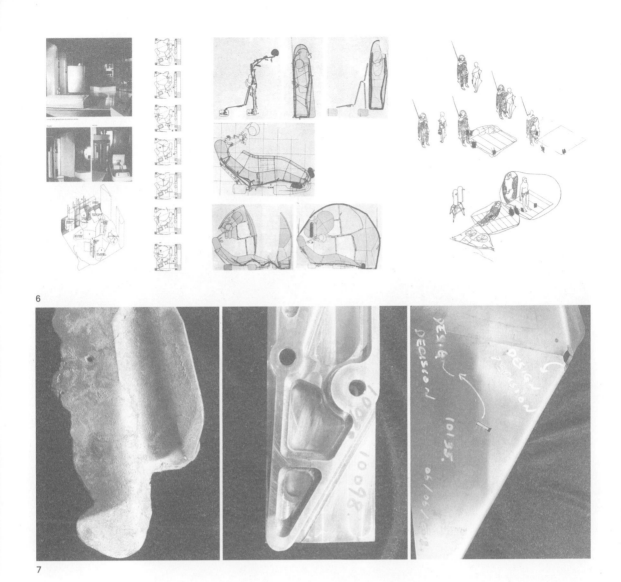

6

7

钢板和一系列机器工具生产出来的语汇，弯折蝶变（Folding Metamorphosis）（图
8），即使用凸出的铁舌和槽口将三维折叠金属板部件组合成自由形式结构的可能性。
采用增量方法，从地面开始工作，其中每个部分都依赖于下部相邻部件，以创建独
立的钢结构。折叠部件的轮廓是用水切机从 3mm 厚的不锈钢板上切割出来的。通
过纸板原型的多次迭代，探索了每个凹凸榫卯和插槽连接的结构依赖性、可行性及
表达形式。凹槽的三维排列暗示着特定的插入顺序，由于零件相互锁紧，结构的稳
定性增加，同时便于焊接。

3.2　木结构建造实验的参与

　　笔者离开伦敦的 HERE EAST 工厂，受导师 Dr. Christopher Leung 和 Emmanuel
Vercruysse（AA Design and Make 项目主任）的邀请参与建造了在 AA 虎克公园森
林实验工厂的威克福德大厅图书馆（Wakeford Hall Library）的多层次学术实验性
项目（图 9），整个实验性建筑探索了一种新型图书馆空间的物理呈现，从功能上

来说比较简单，整个项目的重点在于以木材料为主的实验性建造，通过传统手工木工艺与现代机械化设备工具的融合重新制定建造顺序，来产生新的建筑物理表现。

威克福德大厅图书馆项目分为两个阶段：第一阶段是延续 2017 年木雕塑竞赛1：1 完成定制的木框架结构；第二阶段是完成其表皮的制造（图 10）。在木料的加工流程中，我们首先驾驶伐木车，然后用叉车把砍伐的原始树干移动到原材料粗加工场地，利用粗加工的数字机床把树干加工切割成为木条，再用叉车把木条送到精细加工车间，通过人与机器的多次配合打磨得到木条标准件。接着对每一个构件的截面大样图纸使用电锯、打磨设备、气枪等现场手工制作出每一个建筑构件，然后完成每一个大的建筑表皮分件的组装。在加工过程中能够认识木材的材料属性，从森林中砍伐的木材质地是不均匀的，材料有损耗率，部分加工件不达标，由人为、机器和木材本身多种因素导致；观察加工中的木材可以发现，随着时间变化，木材伴随水分挥发会微微形变导致断面微微拱起和局部木质不均处的不平整，从而导致物理现实和数字化模拟之间的误差。如何尽可能规避误差和平衡误差是建造的关键。所有的智慧体现在手脑的配合，以及数字工具与物理手工工具的混合使用。

图8
弯折蝶变，通过对钢铁制作工艺的探索，创造一种新的物理形式。左图显示了每个增量定制作品是如何被采用的，从底部的构建开始一步步向上。右图显示了由建筑师一个人设计建造的3.8m高的自由站立结构
图片来源：https://www.ucl.ac.uk/bartlett/architecture/folding-metamorphosis

图9
AA虎克公园1：1实验性建造项目，分为一期和二期建造。"该图书馆的骨架结构是通过绘图与物理模型制作和原型设计的迭代开发的。如图中复合木板部分是通过工业木材的层压工艺，开发生产了定制层压框架的创新方法。每一个层压木构件都由内部开发的机器人与齿轮电锯组合的创新工具切割制作。从树木生长到数字建造，生产过程和工具应用的痕迹仍然存在于成品中。"
图片来源：https://designandmake.aaschool.ac.uk/project/wakeford-library/

图10
AA虎克公园1：1实验性建造项目木构件现场制作过程：1.现场制作好的预制准备吊车升起；2.气枪缝合木板等构件；3.倾角电锯处理木制构件的斜角；4.现场对位利用轨道电锯严丝合缝地切割封面木板；5.吊车把预制木构件转移到实验工厂外的空间；6.对一片木构件的底部封面；7.木构件内部的木结构框架
图片来源：笔者自摄

4　城市家具设计实践与反思

实验性建造设计由于包含跨界领域的知识，因为受经济性和实验周期的局限，在体量上都比常规的建筑项目小很多。所以可以用"微型建筑"这个关键词来定义这样的建筑学实验产品。常见的微型建筑大多数和城市家具密不可分，如书报亭、餐车、可移动的住宅机器等，正如彼得·库克提出的："亭子是很有趣的一种现象，因为它能折射出很多建筑学之外的轻松幽默的表情，以及自身携带了很多当地劳动者的创造力与思考。"

在时代背景下核酸亭作为微型建筑被催生，以建筑师的身份思考：如何吸取机器语汇的力量，以实验性建造可能性为基础，融合更多领域；如何运用与小空间人体互动尺度有关的人体工程学（城市家具的设计领域）知识，使用各种材料构成搭建组合成为新构件的制作方式，把对于探索到的钢铁材料的新语言融入概念性设计（图11）。

"瓢虫"核酸亭的结构设计建立在HERE EAST研究项目中通过实验发现的新的钢铁表现形式。从"蝶变弯折"演化出"瓢虫"核酸亭的底盘，它们共享"DNA"，即钢铁材料在机器工具制作过程中迭代变化出的形态。

"瓢虫"可移动式微型实验性建造（图12）的特征在于：

（1）采用金属弯折的仿生腿底盘，配以轻质钢结构，便于构件装配、组合、运输和拆解。

（2）外部空间的围护材料采用柔软的充气膜与帆布／皮革的结合。

（3）微型建筑内部的金属弯折平台与楼梯，根据人体工程学将工作平台调整到对应高度。

（4）内部的智能家具都是可以折叠、移动、重构的，极大丰富了空间的灵活度和可操作性，工作人员可以通过活动需求组合这些家具的摆放状态（图13）。

仿瓢虫可移动式微型建筑的施工方法如下：

（1）将底盘工程图电子文件发到工厂，利用激光切割，钢铁折弯与电焊工艺制作仿生物底盘（图14）。

（2）把双层膜展开的电子文件发给切割机精确切割，然后由裁缝手工缝制外部膜体（图15）。

（3）将金属弯管的框架结构和工作平台栓接在底盘上，然后把玻璃纤维仓固定在平台上。

（4）将双层膜结构和帆布／皮革结合的软性材料套在结构体上，通过局部结构卡在入口、工作平台与节点卡扣上。

（5）现场用货车把结构构件运输到场地上，待所有结构安装完毕，把可移动折叠家具搬进平台，然后进行充气膜的安装。把充气膜和帆布／皮革结合的软质表皮套在结构系统上，把入口空间、平台边缘、舱体边缘与膜固定。其他的膜与节点卡扣固定后调整形态，最后完成双层膜的充气。

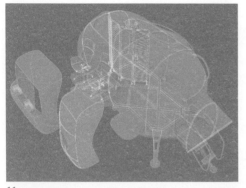

11

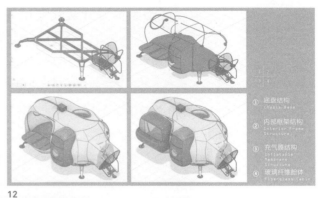

① 底盘结构
　 Chassis Base
② 内部框架结构
　 Interior Frame Structure
③ 充气膜结构
　 Inflatable Membrane Structure
④ 玻璃纤维舱体
　 Fiberglass Cabin

12

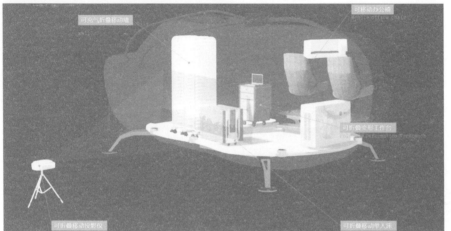

13

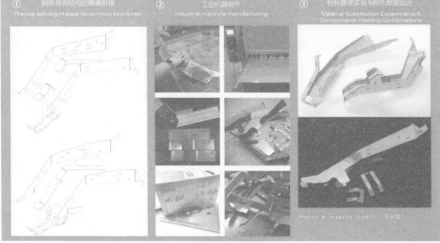

14

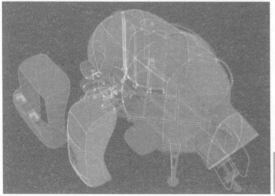

15

膜的展开和裁剪　膜材加工缝制　现场充气安装

充气膜结构的外部维护空间
充气膜的优点：
1. 建造速度快，可以拆解、重复安装；
2. 成本低，比其他材料低，充气面积越大，
材料单价越低。

图 11
"瓢虫"核酸亭爆炸图，
从机器语汇出发，以四脚
着地的钢铁框架构件为底
盘，外部包覆柔软的充气
膜——其美学呈现融入了
机器语汇中的航天美学，
展现出微型建筑新的表现
语言
图片来源：笔者绘制

图 12
"瓢虫"内部结构图
图片来源：笔者绘制

图 13
"瓢虫"内部可以自由摆
放移动，灵活组合的智能
家居
图片来源：笔者绘制

图 14
"瓢虫"核酸亭的钢铁四
腿底座的制作过程
图片来源：笔者绘制

图 15
"瓢虫"核酸亭外部充气
膜围护结构的制造与充气
过程
图片来源：笔者绘制

图 16
"瓢虫"核酸亭采样时人
体工程学空间探讨
图片来源：笔者绘制

与现有核酸采样亭微型建筑相比，"瓢虫"具有以下优点：

（1）可移动式微型建筑方便运输和安装，灵活适应于城市绿地、口袋公园、街角广场、人行道等开敞空间。

（2）可获得更好的人体工程学研究与应用，通过调整内外采集核酸样本人员（坐姿）以及使用者（站姿）的尺度关系，方便工作者舒适作业（图16）。

（3）新型钢铁弯折的制造采用在钢铁上打榫卯的新工艺，可增加钢铁构件制作的高精准度以及成品的美感。

（4）通过对双层膜结构的充气与拆卸可以达到快速安装与拆解的效果。

（5）现场安装方便，同时采用分布式固定膜与骨架关系的方法，便于控制结构构件的变形。

5　总结

机器在科技文明发展的时代长河中如同达尔文的进化论所述，生物在自然环境中受环境因素的变化而演化，机器语汇作为实验性建筑学的一种修辞手法对建筑学的外力也在动态变化。

机器语汇从深层次理解，依然是脱胎于客观自然的产物，是人类与自然基于科学技术进步经过漫长对话衍生出的体系，随着科学的进步和人类认知的提升，当下的"机器语汇"一词的内涵正发生着深刻的变化。从视觉层面的"机器美学"，到内部机器设备表现的登场，到机器作为工具加入表述行为的生产方式体系，再到数控建造技术的表现和智慧赋能介入的属性延展。建筑师应该从更深刻的维度去汲取机器带来的能量。从人与工具不断进步的动态发展角度去理解建筑学，把触角深入到建造领域，找到基于材料与施工工艺匹配升级的DNA，去更好地推动创造建筑的新表现形式的演进，而此次"古美杯"城市家具创意设计大赛正是为广大有追求的建筑师提供了这种探索的沃土和舞台（图17）。

16

17

参考资料

[1] BRANDT J. The death of determinism[M]// AYRES P. Persistent Modelling: Extending the Role
   of Architectural Representation. Oxford: Routledge, 2012.

[2] CHARD N. Searching for rigour while drawing uncertainty[M]//MOLONEY J, SMITHERAM J,
   TWOSE S. Perspectives on Architectural Design Research: What Matters Who Cares How.
   Baunach: Spurbuchverlag, 2015.

[3] CHARD N, KULPER P. Contingent Practices + The Calculus of (Flying) Paint[M]// Pamphlet
   Architecture 34: Fathoming the Unfathomable. New York: Princeton Architectural Press,
   2014.

[4] CALLICOTT N. Towards an age of mass customization[M]// Computer-Aided Manufacture in
   Architecture: The Pursuit of Novelty. Oxford: Architectural Press, 2001.

[5] COOK P. The Bartlett is a School of Design[M]//Bartlett Book of Ideas. London: Bartlett
   Books of Architecture, 2000.

[6] COOK P. CHALK W, CROMPTON D, et al. Bursting the seams[M]// ARCHIGRAM. New York:
   Princeton Architectural Press, 1999.

[7] COOK P. The world is a village or a cushion[M]//Experimental Architecture. London: Studio
   Vista,1970.

[8] COOK P. Can we learn from silliness?[M]// CASTLE H, MURPHY M. Peter Cook Architecture
   Workbook: Design Through Motive. Oxford: John Wiley & Sons Ltd., 2016.

图 17
以"古美杯"闵行区城市
家具创意设计大赛为实践
载体,吸收"机器语汇",
并在设计中持续迭代思考
建造逻辑和材料属性,结
合人体工程学、社会学等
城市家具设计必要学科知
识,在探寻新设计语汇的
道路上摸索前行,挖掘城
市家具表现的可能性。
图片来源:笔者绘制

拉德芳斯
城市家具

项目信息

项目名称：拉德芳斯
项目时间：20 世纪 50 年代至今
项目地点：巴黎西北部
基地面积：7.5km^2
建筑面积：2500000m^2
城市家具数量：68 件

Urban Furniture
in La Defense

拉德芳斯天际线
图片来源：Paris La Défense -ArcdeTriomphe2
Anne-Claude Barbier 拍摄

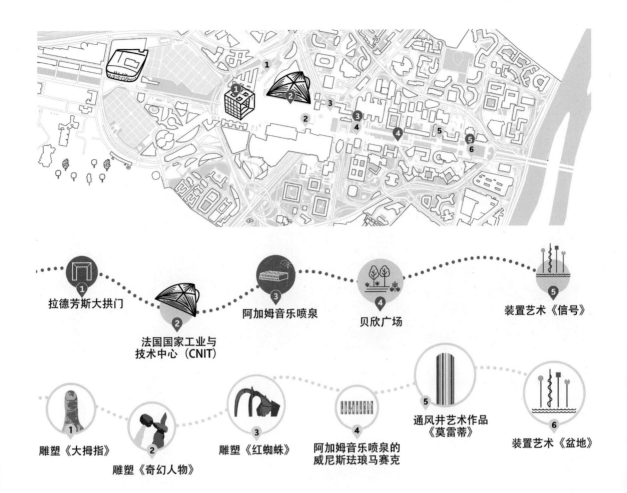

图 1
拉德芳斯重要城市家具地图
图片来源：Paris La Défense

位于法国巴黎的拉德芳斯是世界三大中心商务区之一，也是现代主义建筑和现代艺术的舞台。1932 年，塞纳省计划对从巴黎星形广场到拉德芳斯的道路进行景观改造，让城市的历史中心轴线向西延伸。20 世纪 80 年代，巴黎拉德芳斯新区建成，作为一个现代商务区，它象征着巴黎的历史延续和和经济繁荣，同时也是对全球"摩天楼"潮流的回应。以标志性建筑——拉德芳斯大拱门为核心，结合前广场设计，通过城市轴线和纪念性建筑传递着充满希望的宏大空间信息。

在主视觉层面，前广场上没有明显影响空间的城市家具，这是因为设计的初衷是提供纯粹的空间，塑造让人们从更好的视角欣赏城市轴线和摩天大楼的空旷展台，而非营造一个多样化使用和长时间停留的市民场所。因此，前广场空间呈现较少的城市家具，是设计初衷的一部分。而深入游历广场和周边空间，会发现大量优秀的城市家具，如雕塑、喷泉、壁画、座椅、通风井、墙绘、互动装置等形式出现在以轴线为线索的不同空间中。

图 2
从凯旋门看向拉德芳斯大拱门的轴线空间
图片来源：Paris La Défense -ArcdeTriomphe2
Anne-Claude Barbier 拍摄

图 3
拉德芳斯前广场空间
Andrew Horne 拍摄

拉德芳斯大拱门又称"新凯旋门"，是位于巴黎西部拉德芳斯商业区的纪念碑，建造的初衷是为了赞颂巴黎的历史轴线。1982 年，丹麦建筑师约翰·奥托·冯·斯普雷克森（Johan Otto von Spreckelsen）接受委托，设计了一座挖去中心的立方体凯旋门，标志着历史轴线的终点，却不会阻挡其继续延伸，因斯普雷克森于 1987 年去世，项目由保罗·安德鲁（Paul Andreu）接手完成。他在拱门中心安装了一片"云朵"，在爱尔兰工程师彼得·赖斯（Peter Rice）的协助下，采用蜂巢状单元组成的拉伸帆布结构，由金属框架进行张力支撑，带来了人性化元素，提供遮荫、避雨的柔性空间。以大拱门建立的轴线为核心，丰富的城市家具在拉德芳斯不同的空间中呈现。

拉德芳斯公共艺术的历史可以追溯到古典时期的拉德芳斯纪念雕塑《保卫巴黎》（*La Défense de Paris*），这尊雕塑的存在使得现代的拉德芳斯有了历史背景。1970 年，这座雕塑被移到了拉德芳斯环岛中央，成为该地最早的公共艺术之一。之后，先锋艺术在拉德芳斯找到文化阵地，个性鲜明的现代艺术作品在此陆续登场。

图 4
拉德芳斯大拱门
图片来源：Defacto
11h45 拍摄

图 5
雕塑《保卫巴黎》
Mario Roberto Durán Ortiz 拍摄

擅长"电子雕塑"的希腊艺术家塔基斯（Takis，原名 Panayiotis Vassilakis）
用发光的桅杆标记了拉德芳斯的两个入口。完成于 1988 年的《盆地》（Bassin）
位于边长 50m 的水池上，在 49 个高度在 3.5 ~ 9m 的螺旋桅杆顶部安置了五
颜六色的发光灯。1991 年，这位艺术家在拉德芳斯大拱门后侧重现了他的作品，
这次的作品直接安置在地面上，并命名为《信号》（Signaux）。这两件相互
呼应的装置艺术作品成为标示拉德芳斯这片领地出入口的地标。

图 6
装置艺术《盆地》
图片来源：Defacto-Paris
La Défense
Maxime Affre 拍摄

图 7
装置艺术《信号》
图片来源：Paris La
Défense
11h45 拍摄

《红蜘蛛》（Araignée Rouge）无疑是拉德芳斯广场上最引人瞩目的雕塑，亚历山大·考尔德（Alexander Calder）在去世前，在拉德芳斯广场上选择了作品的安放处，为这件重75t、高15m的作品找到了稳固的位置。1977年，《奇幻人物》（Deux personnages fantastiques）于拉德芳斯落成，这是西班牙艺术家胡安·米罗（Joan Miró）的作品，以综合材料创作的两个红黄蓝为主色调的童趣形象，通过相互扭转的姿态表现了一对人物嬉戏的情景。位于拉德芳斯大拱门北侧、法国国家工业与技术中心大厦西门前的著名雕塑《大拇指》（Le Pouce），因为创作者凯撒（César Baldaccini）的名字而一语双关，也被称为恺（凯）撒的大拇指，雕塑家以自己的拇指为原型，借喻古罗马恺撒大帝拇指向上予人生路的典故，代表生机和祝福。

除了以上几件著名雕塑，拉德芳斯还有众多优秀作品，比如：波兰雕塑家伊戈尔·米托阿基（Igor Mitoraj）创作的一系列铸铜雕塑《伟大的托斯卡诺》（Le Grand Toscano）、《伊卡里亚》（Ikaria）、《巨人伊卡洛斯》（Icare）；安东尼·卡罗（Anthony Caro）1986年创作的镀锈和涂漆钢雕塑《奥林匹亚之后》（After Olympia）；宫胁爱子（Aiko Miyawaki）创作的雕塑《永恒的瞬间》（Utsurohi-A Moment of Movement）等。拉德芳斯所存雕塑的数量与质量并重，通过精妙的选址与环境相得益彰，这些永久摆放的雕塑已经成为拉德芳斯不可或缺的部分。

图8
雕塑《红蜘蛛》
图片来源：Paris La Défense
11h45 拍摄

图 9
雕塑《奇幻人物》
图片来源：Paris La Défense
11h45 拍摄

图 10
雕塑《大拇指》
图片来源：Paris La Défense
11h45 拍摄

图 11
雕塑《伟大的托斯卡诺》
图片来源：Paris La Défense
Constance Decorde 拍摄

拉德芳斯还建造了许多艺术化的公共设施，包括喷泉、通风井、阶梯、座椅和立体绿化。现代城市家具设计并非只需运用单一的功能语言，而也需要更多维立体的艺术呈现，以满足现代人对空间丰富多彩的物质和精神需求。

拉德芳斯拥有世界上最早的音乐喷泉，由艺术家雅科夫·阿加姆（Yaacov Agam）在1977年创作完成。喷泉位于中心广场前端，水池宛如钢琴键盘，每一个键是一个绚烂的色块。喷泉有66个呈"S"形布置的喷头，可喷出1～15m高的水柱，还有耀眼的火花从特制喷管中射出，与水花交织舞动，能表演《蓝色狂想曲》《悲怆交响曲》《水上芭蕾舞曲》等十多个精彩曲目。该作品将声学、光学、视觉效果融为一体，运用现代技术打造全方位的视听盛宴。

以通风井为载体的艺术作品是拉德芳斯的一大亮点，包括雷蒙德·莫雷蒂（Raymond Moretti）创作的《莫雷蒂》（Le Moretti）；米歇尔·德弗恩（Michel Deverne）创作的《马赛克》（Mosaïque）和《万岁，风！》（Vive le vent）；爱德华·弗朗索瓦（Édouard François）创作的《绿色壁炉》（Cheminée végétalisée）；居伊·雷切尔·格拉塔卢普（Guy-Rachel Grataloup）创作的《三棵树》（Les Trois Arbres）；菲洛劳斯·特卢帕斯（Philolaos Tloupas）创作的《壁炉》（Cheminées）。这些作品呈现斑斓的色彩和充满生命力的图案，将缺乏温度和美感的公共设施转变为引人驻足的艺术品，为空间注入活力。

图 12
阿加姆音乐喷泉
Pline 拍摄

图 13
阿加姆音乐喷泉夜景
Atoma 拍摄

图 14
通风井艺术作品《莫雷蒂》
图片来源：Paris La Défense
11h45 拍摄

12

13

图 15
通风井艺术作品《马赛克》
图片来源：Paris La Défense
Constance Decorde 拍摄

图 16
通风井艺术作品《马赛克》细部
图片来源：Paris La Défense
Constance Decorde 拍摄

即便是日常的座椅和阶梯，在拉德芳斯的空间中也呈现出富有艺术性的形态。位于公交车站出口的《长凳》（Bancs，1985）是埃米尔·艾洛（Émile Aillaud）的作品，它位于公交站的出口处，黄岗岩材质的半圆环状长凳既能让行人舒适安坐，又与一旁米罗的《奇幻人物》雕塑相呼应。皮奥特·科瓦斯基（Piotr Kowalski）在拉德芳斯创作了两件楼梯艺术作品，《阶梯广场》（La place des Degrés）和《楼梯》（Escalier），表达了在公共空间中发展起来的艺术视野。

在拉德芳斯，城市家具切入环境的形式是多样的，也是成功的，它们强调了城市空间对市民日常多元需求的人文关怀，体现了当代公共生活中重视艺术表达、生态理念和个性追求的总体趋势。同时，传统的城市家具的概念与内涵得到了扩展，既成功维护了艺术作为个人体验的核心价值，也最大化地发挥出艺术在公共领域中的作用。

图 17
《长凳》
图片来源：Defacto
11h45 拍摄

图 18
《楼梯》
图片来源：Paris La Défense
Constance Decorde 拍摄

耶路撒冷
瓦莱罗广场
路灯

项目信息

项目名称：Warde
项目时间：2008—2014
项目地点：以色列耶路撒冷
基地面积：1900m²
设计事务所：HQ Architects
项目设计师：Ruth Kedar
设计团队：Netta Bichovsky,
　　　　　Guy Balter
项目顾问：A. Ella constructors,
　　　　　Guy Ella

Street Lights
in Jerusalem's
Vallero Square

瓦莱罗广场鸟瞰图
图片来源：HQ Architects
Dor Kedmi 拍摄

图 1
瓦莱罗广场路灯位置平面图
图片来源：HQ Architects

图 2
行人经过时"花朵"绽放
图片来源：HQ Architects
Dor Kedmi 拍摄

图 3
行人离开后"花朵"闭合
图片来源：HQ Architects
Dor Kedmi 拍摄

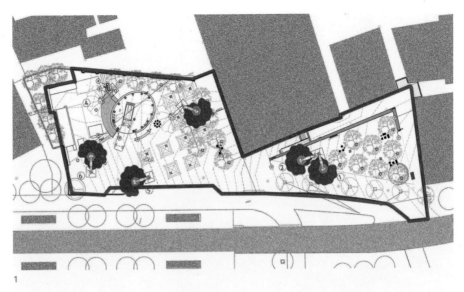

1

广场的改变始于 2015 年 11 月，HQ Architects 设计的巨型路灯出现于广场上，最初设计方案为 6 盏路灯，目前安装完成 4 盏。这些路灯以花朵的形态分布于瓦莱罗广场的关键位置，从各个路口和广场不同的角度都可以清晰地看到它们鲜红的身影，引起人们的关注，吸引人群的驻留。花朵的位置经过精心选择，不仅醒目，还将广场与垃圾处理厂、发电厂进行隐性区隔，重新划分了广场的心理空间。

路灯的主体结构为高 9m、展开直径 9m 的巨大花朵，形似娇艳的虞美人，寓意迎来新的转机和希望。当行人或电车等运动物体经过花朵下方时，花蕊处的感应器会被触发，启动巨型花朵"绽放"，运动物离开后则自动闭合。

"花朵"的花瓣由柔性布艺材料制成，具有良好的飘舞特性，能够模拟真实花朵在自然风中摇曳的效果。其供电系统位于地下，经由粗大的花枝和花萼对风泵和照明系统供电，一旦运动物体触发感应器，就会开启风泵吸入外部空气使其在花朵内膨胀，从而推动花朵开放，运动物体离开后则会关闭风泵，实现花朵的闭合。

2

3

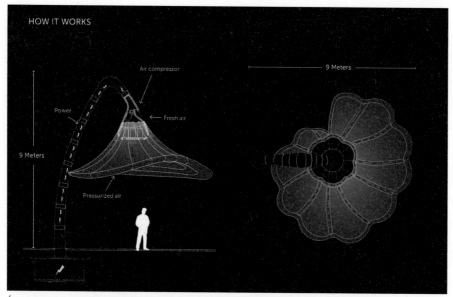

4

5

6

图 4
瓦莱罗广场路灯工作原理
示意图
图片来源：HQ Architects

图 5
柔软的布料在风中飘舞
图片来源：HQ Architects
Dor Kedmi 拍摄

图 6
在"花朵"下乘凉休憩的
市民
图片来源：HQ Architects
Dor Kedmi 拍摄

图 7
路灯塑造的庇护空间
图片来源：HQ Architects
Dor Kedmi 拍摄

巨型花瓣下方可供行人候车休息，花瓣的展开与闭合不仅美化了景观，还能通过互动行为提醒行人乘车。当人们离开一段时间后，这些花卉状路灯将缓慢关闭，并静待再次绽放。夜幕降临时，这些花朵散发出柔和的光线，成为广场上独具特色的照明设施。

它的名称"Warde"（守望）寓意守护者的角色，不仅具有强烈的互动性与艺术性，还兼具人文关怀的社会功能，为广场上来往的人们提供心灵庇护空间。在烈日酷暑中，人们渴望树荫下能有纳凉休憩场所，该设施提供了这样的荫蔽；当雨天来临，上班族忘记携带雨伞，它成为避雨和等车的场所；夜幕降临，它还为整个广场带来温暖的照明。因此，"Warde"像一个亲切的朋友，成为瓦莱罗广场复杂环境中的亮点。

城市家具"Warde"通过与来往人们的互动以及与城市区域划分的功能实现城市环境、自然环境与艺术美学的巧妙结合。通过该作品所具有的"公共性"以及对"公共领域"的划分，其以艺术的方式改变和解决了瓦莱罗广场当时的困境。

图 8
"花朵"在夜晚用温暖的
照明聚集人群
图片来源：HQ Architects
Dor Kedmi 拍摄

图 9
花瓣闭合后的照明效果
图片来源：HQ Architects
Dor Kedmi 拍摄

旧金山
第 16 大道
艺术阶梯

The 16th Avenue
Tiled Steps
in San Francisco

项目信息

项目名称：第 16 大道艺术阶梯
项目时间：2003—2005 年
项目地点：美国旧金山金门高地
设 计 师：Aileen Barr，Colette
　　　　　Crutcher
项目监督：Jessie Audette,
　　　　　Alice Yee Xavier
项目高度：27m（163 级台阶）
材　　料：手工瓷砖、瓷砖碎片、
　　　　　镜片、彩色玻璃

第 16 大道艺术阶梯全景
图片来源：www.unsplash.com
Roxana Crusemire 拍摄

图 1
旧金山第 16 大道艺术阶梯
位置平面图

图 2
第 16 大道艺术阶梯原貌
图片来源：www.
sfstairways.com

图 3
表现海洋生物的马赛克拼贴
图片来源：www.
wordpress.com
Nikki 拍摄

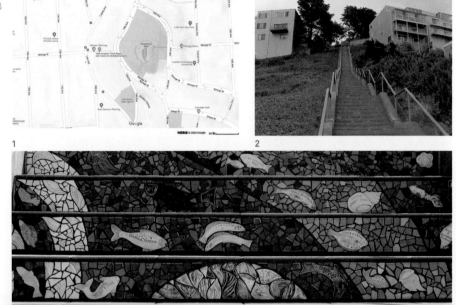

在美国旧金山金门高地（Golden Gate Heights）毗邻宏景公园（Grand View Park）的一个宁静住宅区的山丘上，有一系列陡峭的公共楼梯，它们最初设置在有轨电车站附近，帮助居民从街道底部爬到山坡上的家，后来有轨电车因时代发展而不复存在，这些楼梯变得有点不合时宜，甚至有碍观瞻。很长一段时间内，金门高地的居民对这些楼梯带来的问题颇为头疼，因为涂鸦艺术家们会把这些混凝土楼梯当作一块空白画布，喷涂自己的作品和签名，这让那些不得不反复清理它们的居民感到困扰。

随后，在一次邻里协会会议上，有人提出一个主意——如果把楼梯变成艺术品会怎么样？据说艺术家，包括涂鸦艺术家们有一项荣誉准则，他们会尊重其他人的艺术作品，不会对其进行标记与涂改。这个方案被采纳并实施了。

位于莫拉加街（Moraga Street）与第 16 大道交会处的第 16 大道艺术阶梯项目由当地居民于 2003 年成立，由居民杰西·奥德特（Jessie Audette）和爱丽丝·叶·泽维尔（Alice Yee Xavier）牵头，请来当地的陶瓷艺术家艾琳·巴尔（Aileen Barr）和马赛克艺术家科莱特·克鲁彻（Colette Crutcher）创作，并指导居民共同完成阶梯改造。项目费用由居民自愿捐献，超过 300 名小区志愿者同心协力，花大约 2 年半的时间完成了这件作品。2005 年夏天，第 16 大道艺术阶梯正式向公众开放，受到了热烈的赞颂与欢迎。

第 16 大道艺术阶梯以色彩缤纷的马赛克镶嵌 163 级台阶，是对巴西里约热内卢著名的塞勒隆阶梯（Escadaria Selarón）的致敬。志愿者们花数百个小时进行切割与拼贴，使用了超过 2000 块手工制作的瓷砖与 75000 片瓷砖碎片、镜片与彩色玻璃，勾勒出美轮美奂的缤纷图案。其主构图为斑斓的海洋向上流入天空，汇入月亮、星辰、银河，最后升起一轮灿烂的太阳。参观者靠近观察会看到丰富的细节，有鱼类、贝壳、花卉、草木等。手工制作的瓷砖上刻着购买瓷砖的人和企业的名字，记录下众多参与者的付出；每一块马赛克都是独一无二的，由纯手工切割而成。太阳落山时，这条充满艺术气息与色彩的阶梯会在余晖中闪闪发光，折射出斑斓的光彩。这些台阶周围生长着四季更替的丰富植被，与台阶一起构成美丽的绿色景观。

图 4
表现植物与动物的马赛克拼贴
图片来源：www.
positivelystacey.com
Stacey 拍摄

图 5
表现各种食物、昆虫和花卉的
马赛克拼贴
图片来源：www.sfstairways.
com

图 6
表现月与星辰的马赛克拼贴
图片来源：www.unsplash.com
Roxana Crusemire 拍摄

4

5

6

6　　　　　　　　7　　　　　　　　8

9

图 6
阶梯顶部是一轮太阳
图片来源：www.
wordpress.com
Nikki 拍摄

图 7
丰富的植物与艺术阶梯
相互映衬
图片来源：www.
wordpress.com
Nikki 拍摄

图 8
第二座艺术阶梯
图片来源：https://www.
exp1.com/blog/author/
dara/
Dara Mihaly 拍摄

图 9
旧金山街区鸟瞰
图片来源：www.
wordpress.com
Nikki 拍摄

人们可以一边欣赏马赛克艺术斑斓的色彩和生动丰富的内容，一边感受志愿者凝聚在每片瓷砖上的愿景，最后登临第 16 大道艺术阶梯顶部，回首俯瞰旧金山棋盘状分布的街区景观和海天交界线。

实际上，这附近还出现了第二座艺术阶梯。由于第一座艺术阶梯的成功和广受欢迎，社区请愿将艺术项目扩展到山下更远的台阶上。这一次，人们的反响非常积极，整个社区与城市都团结起来支持这个项目。2013 年末，柯克姆（Kirkham）和劳顿（Lawton）街之间一段 148 级的台阶被改造成以加州本土野生动植物为主题的艺术阶梯景观，马赛克瓷砖组成了鲜花、蜻蜓、蝾螈、蝴蝶和蜗牛等图案。

这两件美丽的成果凝聚了社区公众的力量，为社区提供艺术景观与体锻场所，让两条原本平淡无奇的阶梯，转化为色彩缤纷的艺术品，激活了社区灰色地带，为旧金山注入更强的生命力。长期以来只有当地人知道这个隐藏之地，后来艺术阶梯越来越受欢迎，在互联网上广泛传播，成为到访旧金山的游客的热门打卡地，这也带动了当地旅游业的发展。

111

马德里
F.U.A. 城市
家具原型系统

Furniture Urban
Alphabets
in Madrid

项目信息

项目名称：F.U.A.
项目时间：2016—2019 年
项目地点：西班牙马德里
设计团队：David Cárdenas,
EEEstudio (Enrique
Espinosa), Juanito
Jones, Maria Mallo,
Lys Villalba, Zuloark.
制作团队：Manuel Muñoz, Lorenzo
Pulido. The project
reuses old street lamps
and woods from Madrid
benches, supplied
by the Municipal
Warehouses for
materials in the Villa de
Madrid.
项目客户：Madrid City Council
- DG Sustainability
and Environmental
Control. Coordination:
María Álvarez.
Imagine Madrid.
Coordination: Juan
López-Aranguren.

F.U.A. 城市家具原型系统

F.U.A. 代表家具（Furniture）、城市（Urban）、字母（Alphabets）的有机结合，是一个生态系统式的公共设施原型，选取字母为基础造型，将社交空间、活力空间和环境空间融合在一起。

由 David Cárdenas + Enrique Espinosa + Juanito Jones + Maria Mallo + Lys Villalba + Zuloark 组成的联合团队，共同构成基于重复利用、易于发掘和可移动的设计理念，利用马德里市议会仓库中废弃的材料制作了一系列可重复使用的可持续家具。这套可持续城市家具通过回收市议会仓库中的废弃灯具，搭配由太阳能电池板供电的新 LED 元件，创造出一个全新的照明和标识系统，并将其与家具体量的金属框架结合在一起。此外，该城市家具系统还包括一系列座椅空间，这些座椅的材料都是从马德里废弃的木制长凳中回收而来，它们曾被随意堆放在市议会的家具仓库中，如今重焕生机。

F.U.A. 原型系统首次亮相于 2016 年 11 月的马德里市议会全国环境大会（National Congress on the Environment）。本次大会提出了一个经验模式：可以通过材料的再利用、自然化、可持续性、二次使用性、社会凝聚力、可得性、开源性和参与性等，传达马德里的环境政策。为了实现这一目标，大会选取了 M、A、D 三个字母作为家具的基础造型，参展者可以在此基础上增加设计元素，以展示自己的理念和构想。这样一来，材料就成为一种物质性的工具，能够有效地传达环保和可持续发展的理念，同时促进社会的凝聚力和开放性。

图 1
F.U.A. 城市家具原型系统的生态系统
图片来源：David Cárdenas, EEEstudio (Enrique Espinosa), Juanito Jones, Maria Mallo, Lys Villalba, Zuloark

图 2
用回收木料制作的座椅细部
图片来源：David Cárdenas, EEEstudio (Enrique Espinosa), Juanito Jones, Maria Mallo, Lys Villalba, Zuloark

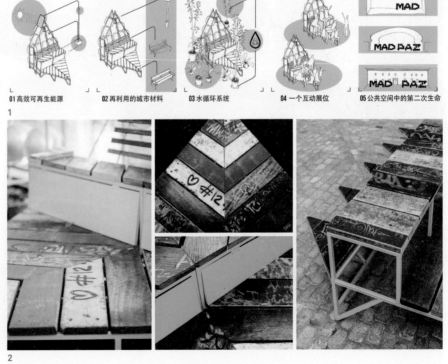

01 高效可再生能源　　02 再利用的城市材料　　03 水循环系统　　04 一个互动展位　　05 公共空间中的第二次生命
1

2

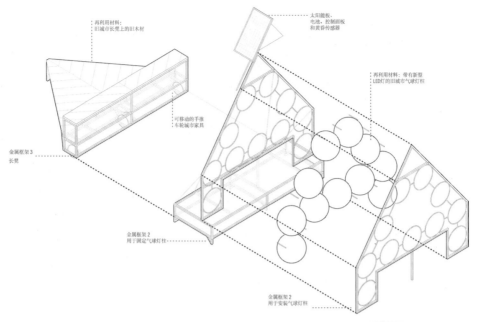

再利用材料：
旧城市长凳上的旧木材

太阳能板、
电池、控制面板
和黄昏传感器

再利用材料：带有新型
LED灯的旧城市气球灯柱

可移动的手推
车轮城市家具

金属框架 3
长凳

金属框架 2
用于固定气球灯柱

金属框架 2
用于安装气球灯柱

3

4

5

6

该原型系统第二次呈现于 2017 年 4 月在马德里举行的城市暴力与和平教育世界论坛（World Forum on Urban Violence and Education for Coexistence and Peace），主办方在以 M、A、D 三个字母家具为起点的基础上，继续在主展览空间中添加三个字母造型——P、A 和 Z。

7

8

9

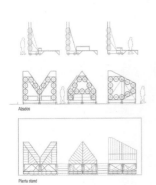

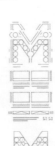

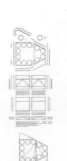

10

2017 年 4 月伊始，Conde Duque 文化中心的北院持续摆放着以六个字母为基础造型的家具，即 M、A、D 和 P、A、Z。这个区域与附近的市立图书馆一同致力于为青少年提供学习空间，为家庭提供聚餐空间，为小孩提供玩耍空间，为退休人士提供休息空间。这是该原型系统的第三次登场。

Imagina Madrid 于 2017 年夏季以其标志性的七个字母——I、M、A、G、I、N、A 为原型让人们参与设计，旨在重新激活马德里不同地区的公共空间。在活动过程中，这七个字母单体通过卡车被依次运往该计划的 9 个站点。自 2018 年起，这七个字母原型成为马德里 Matadero 艺术区的一部分，F.U.A. 原型系统经历了另一次新生。

这一系列作品及其设计理念为其他以可持续和社交促进为基础的项目提供了创造性的逻辑思维和宝贵的经验。

11

12

图 11
第三次展出的 F.U.A. 城市家具原型系统
图片来源：David Cárdenas, EEEstudio (Enrique Espinosa), Juanito Jones, Maria Mallo, Lys Villalba, Zuloark

图 12
第三次展出时的使用场景
图片来源：David Cárdenas, EEEstudio (Enrique Espinosa), Juanito Jones, Maria Mallo, Lys Villalba, Zuloark

图 13
第三次展出时的家具细部呈现
图片来源：David Cárdenas, EEEstudio (Enrique Espinosa), Juanito Jones, Maria Mallo, Lys Villalba, Zuloark

图 14
I·M·A·G·I·N·A 三视图
图片来源：David Cárdenas, EEEstudio (Enrique Espinosa), Juanito Jones, Maria Mallo, Lys Villalba, Zuloark

图 15
I·M·A·G·I·N·A 吊装过程
图片来源：David Cárdenas, EEEstudio (Enrique Espinosa), Juanito Jones, Maria Mallo, Lys Villalba, Zuloark

图 16
I·M·A·G·I·N·A 使用场景
图片来源：David Cárdenas, EEEstudio (Enrique Espinosa), Juanito Jones, Maria Mallo, Lys Villalba, Zuloark

图 17
I·M·A·G·I·N·A 城市家具夜景
图片来源：David Cárdenas, EEEstudio (Enrique Espinosa), Juanito Jones, Maria Mallo, Lys Villalba, Zuloark

13

14

Alzados
Plantas

15

16

17

豊洲海滨公园

Urban Dock Lalaport Toyosu

项目信息

项目名称：豊洲海滨公园
项目时间：2006 年
项目地点：东京都江东区豊洲
　　　　　2-4-9
景观设计：Earthscape
建筑设计：日本设计，Laguarda.
　　　　　Low Architects
　　　　　（John Low）
项目面积：67499m²
施　　工：大成建设

豊洲海滨公园鸟瞰
图片来源：Earthscape
Forward Stroke 拍摄

图 1
造船厂和码头的历史元素
作为城市家具得以保留
图片来源：Earthscape
Forward Stroke 拍摄

图 2
广场上设有以泡沫和珊瑚
为主题的白色座椅
图片来源：Earthscape
Forward Stroke 拍摄

东京湾丰洲，曾经是以造船为支柱产业的港口城市，历经产业更迭和城市更新，如今正焕发新的生机。丰洲作为昔日的工业区域，通过一场文化和景观的复兴，塑造了一个全新的"探索"景观。

位于日本东京都江东区的丰洲海滨公园，是一个人工海滨公园，旨在为游客创造一个与大自然和谐相处的环境，以欣赏东京湾海岸线的优美景致。这里不仅拥有东京湾的美景，还具有浓厚的历史背景。

这个项目的独特之处在于，Earthscape 事务所将整个景观视为一片海洋，场地中的行人被视为现代的航海者。这个场地原本是一个造船所，通过填埋两个旧船坞实现改建。在这里，三个层次的"波"交织相融，分别是"绿色""水"和"大地"。这些"波"之间散布着各种设施，如咖啡馆、FM 广播站和美术馆，它们仿佛是独立的"岛屿"。而在这些"波"的上空，漂浮着以泡沫和珊瑚为主题的白色座椅，为游客提供了坐下休憩的机会。"航海者"可以随心所欲地穿越这些"波"，时而随波逐流，时而坚定地选择自己的航程，体验各种探索和相遇。

这座公园的景观设计充分考虑了科学和美学，包括精心设计的城市家具系统，让人们可以在礁石上嬉戏玩水、在人造沙滩漫步，或者坐在草坪上凝视远方，沉浸在宁静和轻松的氛围中。公园内的城市家具保留了历史痕迹，如原有的造船厂遗址和码头缆桩等元素。在大型商业综合体前的广场上，各种城市家具被巧妙地系统化设计，与周围的海洋、船只和港口主题相得益彰，呈现出精致的城市面貌。

丰洲海滨公园都为人们提供了多层次的探索和机遇，在这里人们可以发掘自己喜欢的空间，抑或探寻新的生活方式。多维度的空间体验构成了这个项目中景观与城市家具设计的核心理念，使人们能够深入了解这个独特的地方，并在其中留下自己宝贵的记忆。丰洲海滨公园作为一个鼓舞人心的地方，努力唤醒人们对自然、历史和文化的探索热情。

1

2

4

图 3
海浪般起伏的广场，构成
跑道、滑梯等设施
图片来源：Earthscape
Forward Stroke 拍摄

图 4
下沉广场处的连廊像栈桥
连接两侧建筑
图片来源：Earthscape
Forward Stroke 拍摄

上海杨浦滨江
城市家具

Shanghai Yangpu Riverside Urban Furniture

项目信息

项目名称：杨浦滨江公共空间示范段
项目时间：2015 年 7 月—2016 年 7 月
建成时间：2016 年 7 月
项目地点：上海市杨浦区黄浦江岸通北路至丹东路段
设计事务所：原作设计工作室
设计团队：章明、张姿、秦曙、王绪男、李雪峰、丁阔
项目面积：38000m²
委 托 方：杨浦区浦江办、杨浦滨江投资发展有限公司

项目名称：杨浦滨江公共空间二期
项目时间：2015.8—2016.8
建成时间：2016.10—2017.10
项目地点：上海杨浦区黄浦江岸丹东路至宁国路段
设计事务所：大观景观、原作设计工作室
项目面积：67000m²
委 托 方：杨浦区浦江办、杨浦滨江投资发展有限公司

清晨的液铝码头
图片来源：原作设计工作室
战长恒拍摄

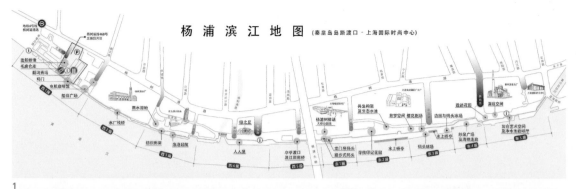

杨浦滨江地图 (秦皇岛路渡口 · 上海国际时尚中心)

1

2

图 1
杨浦滨江平面图
图片来源：https://www.
thepaper.cn/newsDetail_
forward_4699285

图 2
游人自得其乐的杨浦滨江
图片来源：原作设计工作室
战长恒拍摄

杨浦滨江位于黄浦江岸线东端，岸线总长 15.5km，沿线分布着近代中国最大的工业基地，包括上海船厂、杨树浦发电厂、电站辅机厂、杨树浦煤气厂、怡和纱厂、杨树浦水厂、柴油机厂、新一棉、上海制皂厂、杨树浦煤场等工业老厂，随着工厂的大量迁出，留下大量独特又壮观的 20 世纪 40 年代工业遗迹。

2013 年底，上海做出了开发杨浦滨江生态岸线的决策，旨在打造一条"生活秀带"，促成了数十幢工业遗产的保护与创新利用，形成总面积超过 26 万 m² 的滨江建筑群。随着对沿线空间陆续进行设计改造，2019 年，杨浦滨江南段 2.7km 的公共空间向市民全面开放，促成杨浦滨江南段 5.5km 的贯通，形成全线贯通的滨江景观空间。

杨浦滨江是未来"世界级滨水区"，也是为市民提供活动空间和生态旅游的开放场所，采用保护性开发和成片保护的原则，力求复原场地原有肌理，保留并增补原有特色的历史工业制造元素，形成重要的历史场所记忆载体。在 5.5km 连续不间断的滨水空间改造过程中，保留了工业遗产博览带所带来的"记忆"。

123

3

4

图 3
复合功能的钢廊架
图片来源：原作设计工作室
战长恒拍摄

图 4
雨水湿地钢结构栈桥和历
史建筑
图片来源：原作设计工作室
战长恒拍摄

图 5
重达 10t 的码头起重机成
为新的视觉焦点
图片来源：孟旭彦拍摄

图 6
1 号和 2 号码头间搭建的
钢栈桥
图片来源：原作设计工作室
苏圣亮拍摄

图 7
包含管道元素的垃圾桶
图片来源：孟旭彦拍摄

图 8
呈现齿轮元素的垃圾桶
图片来源：孟旭彦拍摄

杨浦滨江示范段是杨浦滨江公共空间建设的启动区域，是整个 45km 黄浦江两岸贯通工程中的重要示范作用区域。原作设计工作室强调将老码头上遗留的工业构筑物、刮痕、肌理作为真实、生动、敏感的历史记忆进行保留，实现了记忆的空间化和物质化。采用有限介入、低冲击开发的策略，在尊重原有厂区空间基础和原生形态的基础上进行生态修复改造，保留了原本的低洼积水区地貌状态，形成可以汇集雨水的低洼湿地，配以轻介入的钢结构景观构筑物，形成别具原生野趣和工业特色的景观环境。

杨浦滨江南段二期公共空间从人的视角出发，最终落实到人的活动，过去以生产功能为主的工业岸线在更新后实现了日常休憩与城市活动的弹性使用，重振活力的水岸真正回归于公众，也给未来留下了更多可能性。

杨浦滨江的城市家具设计也遵循工业历史意象，如栏杆、灯柱和垃圾桶采用自然铁锈色金属材料，模拟老工厂的工业美学，并提取齿轮、管道等元素作为母题在沿江照明灯的顶部、垃圾桶、花坛等城市家具造型上反复出现，既还原了历史样貌，又展现了厚重、质朴的质感。

5

7

6

8

9

图 9
广场上用拴船桩布置形成
的矩阵
图片来源：原作设计工作室

杨浦滨江地区遗留有密集的基础设施，其中以防汛墙、船坞、码头、轨道、仓库、货栈等为代表的各种建成景观遗产高度集聚，这些基础设施在新的空间景观中得以保存与更新。此外，起重机、碎煤机、电磁除铁器、水泵、廊架、缆桩、输煤廊道等工业设备也被分置在园内各处，这些元素被保留或改造，变成空间中雕塑般的景观。

沿江还有大约 20 件公共艺术作品作为长期项目放置在滨江空间，虽然风格迥异，表现手法多元，但都根植于杨浦滨江的历史文脉，以滨江的空间、遗存、设施为基质彰显自身特色，形成杨浦滨江工业历史、自然风景与艺术作品相结合的全新城市景观。

图 10
上海电站辅机厂的工业设备
图片来源：孟旭彦拍摄

图 11
电磁除铁器
图片来源：孟旭彦拍摄

图 12
浅井裕介（Yusuke
Asai），《城市的野生》，
溶着性白线橡胶，共两幅，
单幅尺寸为 95m×20m
图片来源：孟旭彦拍摄

要了解杨浦滨江各个节点的历史故事，只要打开微信扫描二维码，就能通过语音收听对上棉十二厂、杨树浦煤气厂、上海制皂厂等的讲解，借助网络互动媒体的形式，这样的设计既保留了历史文化遗产的重要意义，也为城市发展注入新的活力与创意，展示设计和规划的人性化特征。

自 2023 年 3 月 1 日起，《上海市无障碍环境建设条例》正式施行。这个条例解决了"最后一道阶梯"难题，并通过不断优化"一江一河"滨水空间的规划和设计，推动了城市家具的不断更新。

杨浦滨江从一开始就考虑到推婴儿车和乘轮椅出行的人，替代台阶路的大面积坡道和无障碍通道就是对这部分人群需求的关照。各段出入口都实现了畅通无障碍，步道、跑道、骑行道转换处都采用坡道设计，主要景观节点也都设置了之字形的无障碍通道，通道两旁设有扶手。杨浦滨江江岸上随处可见的饮水机被设计成 3 个高度，无论是孩童还是乘坐轮椅的人士，都能方便地直接取水饮用。这些无障碍设计展示了设计者的人性化思考和关怀，也使城市家具的功能更加多元化，充分反映了当前社会对无障碍环境建设的关注和重视。

10

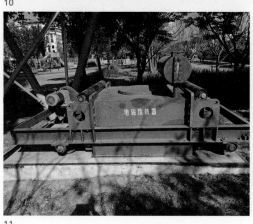

11

12

14

16

17

15

18

19

第 4 章
竞赛与成果："古美杯"参赛作品

CHAPTER 4
Competition and Achievements:
"The Gumei Cup" Contest Works

决赛作品
Finalist Award

连·动古美

沿途的小确幸

双飞翼

蝶意

"古"法自然　新"美"闵行

窗棂·无界·创灵

芝兰玉树　韵律古美

生命脉动

花开·花落万物生

连·动古美

Link-Activate Gumei

决赛作品
Finalist Award

项目信息

设计团队：马宇虹、钱栎
设计单位：上海灵蜥文化创意有限公司
设计品类：儿童游乐设施、健身打卡台、喂鸟器、昆虫旅馆、动植物介绍牌、宠物拾便袋取用器、座椅、垃圾桶、标识牌
材　　料：不锈钢、防腐木
技　　术：数字信息

古美路街道城市家具年久老化，成品类城市家具采购系统性不强，缺乏古美特色，这些既是问题，也是机遇和挑战，作为回应，连·动古美提出了系统性环境提升的设计策略。通过"休闲生活、娱乐健身、生态家园"三大生活场景，系统性考虑日常生活中的休闲、娱乐、交往、教育等方面所涉及的街道家具产品，从而达成"统一形象、补充功能、优化体验"的主要设计目标。同时，期望通过"有形的"街道家具设计带动古美社区在文化、品牌、氛围和社区邻里关系、区域经济、风貌方面的无形提升，从而以街区环境提升带动和促进社区品质与活力提升，形成良性的循环系统。

造型主题采用橙红色色带，一方面与现场已有雕塑语言形成呼应，另一方面象征串联不同城市公共空间的纽带。橙红色与古美社区已有的社区品牌颜色相一致；用材为不锈钢和防腐木这两种便于实施和维护的材料。

根据调研记录并分析不同用户的使用偏好、使用需求和使用场景，有针对性地提出设计解决方案：场景一，娱乐健身，针对爱好运动健身的全职妈妈，其主要诉求为儿童友好的、具有健身打卡功能的亲子互动设施，设计了一套以古美英文字母为造型的儿童游乐设施和健身打卡台。这同时也是一个小尺度的可灵活布置的街角花园，能够补足功能，活化环境氛围并提升活力。场景二，生态教育，针对热爱观察生活的生物观察家，其主要诉求是能观察生物的生态观察场所，进一步挖掘展现古美已有的优秀生态环境，并通过增加生态保育设施使人们更加亲近、了解自然，设计了包括喂鸟处、昆虫旅馆、动植物介绍牌、生态保护设施等，居民们由此有了更多亲近和了解自然和动物的动机和触点。场景三，休闲生活，针对热爱生活的离退休干部，其主要诉求为便于老年人使用的设施，设计了橙红色带串联的座椅、垃圾桶、标识牌。

设计方案力图突破已有类型的功能限制，从用户的使用场景中挖掘新的使用功能和互动关系。在视觉与造型设计上，通过提升环境整体性，建立人与人之间的交往关系，这也是"连·动古美"主题的来源。一方面希望新家具能够和已有家具建立联系，形成整体性；另一方面也希望借由这些家具增加人与场地、人与人之间的互动。以街道家具的微更新带动社区品质和活力的提升，而街区综合品牌的提升更有利于促进环境的迭代更新，形成良性的社区发展闭环。

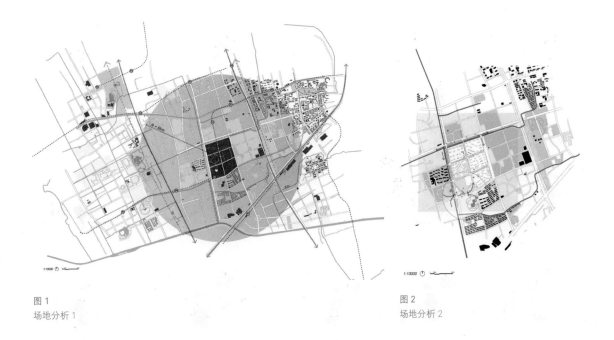

图 1
场地分析 1

图 2
场地分析 2

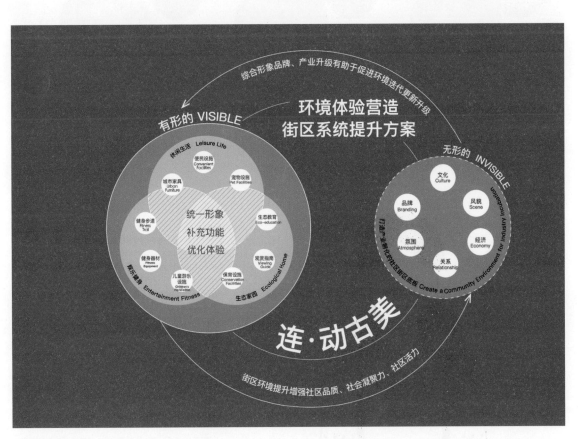

图 3
设计策略与方法

137

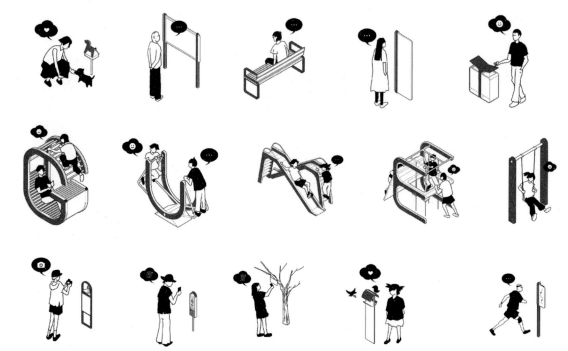

图 4
概念分析图

图 5
场景分析图

图 6
娱乐健身场景用户画像

曾芸

年龄:32
职业:全职妈妈
状态:已婚
人物原型:运动达人
&全能妈妈

描述

曾芸是一个有 5 岁小朋友的全职妈妈,日常生活是照料一家人生活起居,同时也非常注重自我成长与发展。她把每天日程安排得非常紧凑,早晨送小朋友去幼儿园之后会晨跑 1 小时,再回家处理一天的家务和自己的个人事务。下午 4 点去幼儿园接小朋友放学,回家的路上会带小朋友去附近的公园或使用小广场上的儿童游乐设施,享受亲子时光。

目标

- 能够在健身运动中亲近自然,感受充实且惬意的生活;
- 能够有适合运动的、有良好设施基础的场地;
- 能够每天进行运动打卡,自我激励;
- 让小朋友有安全、愉悦的玩耍环境;
- 有亲子互动的场所设施

困境

- 运动路线中设施覆盖不完备,为运动安全带来隐患;
- 社区缺乏)儿童游乐设施,且游乐项目单一、低龄化,无法通过游乐设施的使用增强儿童的体能和身体素质的锻炼

图 7
娱乐健身场景效果图

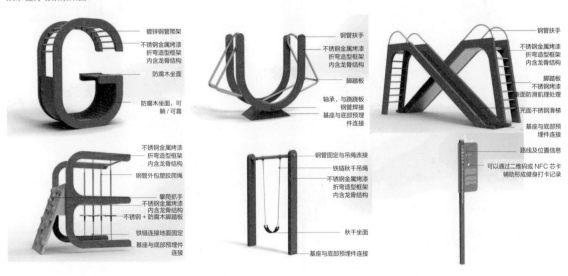

图 8
娱乐健身设施单体结构图

描述

江晓天是刚刚升入小学二年级的学生，他特别热爱观察自然，经常在学校的自然兴趣小组里分享他的观察报告。他的父母有时候也会和他一同参与野外探索，观察小区的植物和绿化中的昆虫等。他的父母还帮助他拍摄观察日志放在网络上，他现在已经是个拥有 1000 多人关注的博主了。除了是小自然观察家，他还是个好动的孩子王，做完作业的傍晚他是他和伙伴的玩耍时间，经常在小区或周围社区公园玩耍。

目标

－ 有能帮助他长期观察生物的场所；
－ 有更多有趣的公共设施让他和他的伙伴玩耍；
－ 希望能够找到同样热爱观察自然的小伙伴

困境

－ 社区里的绿化经常不允许人进入，为近距离观察带来困难；
－ 大部分时间是自己观察，缺少交流和分享的伙伴；
－ 现有的游乐设施缺少"探险"感，无法满足他的玩耍需求

江晓天

年龄：9
职业：小学二年级
状态：青少年
人物原型：爱玩好动的小孩
& 生物观察家

图 9
生态教育场景用户画像

图 10
生态教育场景效果图

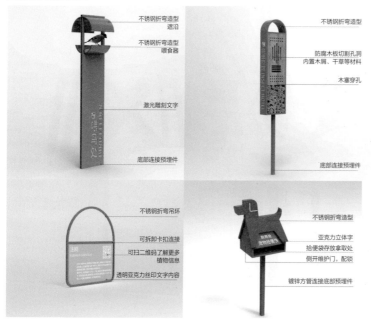

不锈钢折弯造型遮沿
不锈钢折弯造型喂食器

激光雕刻文字

底部连接预埋件

不锈钢折弯造型

防腐木板切割孔洞
内置木屑、干草等材料

木塞穿孔

底部连接预埋件

不锈钢激光切割造型
不锈钢立体字

表面丝印常见鸟类信息介绍

底部连接预埋件

不锈钢折弯吊环

可拆卸卡扣连接

可扫二维码了解更多植物信息

透明亚克力丝印文字内容

不锈钢折弯造型

亚克力立体字
拾便袋存放拿取处
侧开维护门，配锁

镀锌方管连接底部预埋件

图 11
生态教育设施单体结构图

刘国伟
年龄:65
职业:退休人士
状态:已婚
人物原型:乐活派
& 意见领袖

图 12
休闲生活场景用户画像

描述

刘国伟已退休，他热爱生活并且热心关注社区发生的点滴事件与变化。每天日常生活是固定早晚和老伴带宠物狗遛弯，途中在休闲广场休息，每天也会固定同来休闲散步锻炼的老朋友们闲聊，或者利用休闲健身设施锻炼。退休生活给了他极大的时间自由，不甘于寂寞的他还希望为社会做点贡献，经常配合社区居委会组织一些公益性的活动或者筹建社区设施，在社区的老年人群体中颇有威信和组织力。

目标

– 有适老设施让他们在休闲遛弯时可以休息放松；
– 有公共活动空间可以方便和伙伴聊天；
– 有渠道让他实现参与社区共建的意愿；
– 宠物友好的设施方便他遛狗的同时维护城市环境

困境

– 目前社区、公园等公共场所设置的宠物友好设施较少；
– 缺乏能让他发挥"余热"、助益大众的平台组织

140

图 13
休闲生活场景效果图

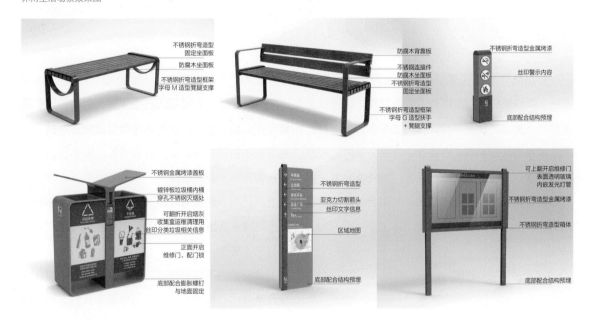

不锈钢折弯造型
固定坐面板
防腐木坐面板
不锈钢折弯造型框架
字母 M 造型凳腿支撑

防腐木背靠板
不锈钢连接件
防腐木坐面板
不锈钢折弯造型
固定坐面板
不锈钢折弯造型框架
字母 G 造型扶手
+ 凳腿支撑

不锈钢折弯造型金属烤漆
丝印警示内容
底部配合结构预埋

不锈钢金属烤漆盖板
镀锌板垃圾桶内桶
穿孔不锈钢灭烟处
可翻折开启烟灰
收集盒运维清理用
丝印分类垃圾相关信息
正面开启
维修门，配门锁
底部配合膨胀螺钉
与地面固定

不锈钢折弯造型
亚克力切割箭头
丝印文字信息
区域地图
底部配合结构预埋

可上翻开启维修门
表面透明玻璃
内嵌发光灯管
不锈钢折弯造型金属烤漆
不锈钢折弯造型箱体
底部配合结构预埋

图 14
休闲生活设施单体结构图

141

沿途的小确幸

Small Pleasures Along the Road

决赛作品
Finalist Award

项目信息

设计团队：张慧杰、关天一、杨秋珊、张俪莹
设计单位：上海中森建筑与工程设计顾问有限公司
设计品类：休闲座椅、标识标牌、公交车候车亭、垃圾箱、直饮水器、艺术小品
材　　料：不锈钢、防腐木、水磨石、亚克力、花岗岩、马赛克
技　　术：数字智能、声光电互动、重力感应

根据场地的不同属性，分为沿街与公园两个系列，吸取现有的古美路街道设计元素，设计成套系的标识标牌、休闲座椅、临街候车亭、垃圾箱、直饮水器等城市家具。在设计中沿用公园内现有的logo标识、蝴蝶元素、橙色元素、马赛克元素，加入数字智能、声光电互动技术，注重全年龄层的使用需求。

沿街区域城市家具

根据不同道路情况，设置了不同类型的座椅和标识标牌。在平南路等有栅栏的区域，单体休闲座椅采用防腐木材质，坐面宽度加宽，支撑和扶手使用橙色不锈钢材质，并雕刻古美路街道logo；莲花路等无栅栏区域，则采用长条浅灰色水磨石座椅组合，辅以防腐木坐面、靠背和不锈钢扶手，篆刻古美路街道标语和logo，内嵌条形灯带。

标识标牌采用统一形制。小型标识标牌采用深棕色木纹不锈钢边框、浅灰色不锈钢板，上印古美logo图形；中型标识标牌使用深棕色木纹不锈钢外框、浅灰色拉丝不锈钢板，镂空古美路街道logo，配有可替换标语板和古美特色的橙色不锈钢构件。

沿街公交车候车亭设计特点为现代简约、体积小巧、轻盈透光。根据人行道宽度，宽街道设带棚候车亭、站牌座椅；窄街道区域仅设站牌座椅。采用深灰不锈钢骨架、亚克力磨砂板，外侧使用深灰不锈钢管制作古美路标识。中间配LED互动屏，提供准确信息。座椅与单体座椅相似，采用无靠背的原木防腐木座面和深灰拉丝不锈钢支撑，配USB充电孔和古美logo，便于施工、安装。

垃圾箱由不锈钢铸成，分为干垃圾和可回收垃圾两个箱体，板面为浅灰色拉丝面不锈钢，四边骨架为深棕色木纹拉丝面不锈钢，点缀古美logo，并用色块区分垃圾类别，设斜切的垃圾口和锁，方便投放和清理，上设防雨挡板。

直饮水器分单高度和多高度两种，多高度设计考虑全龄友好，使用深灰色不锈钢，内嵌净水装置和饮水按钮，方便行人使用。

公园区域城市家具

为古美公园设计了一整套有关联性的标识标牌，包括：场地精神堡垒、地图展示牌、方向指示牌、到达指示牌、警示牌和植物科普牌。精神堡垒设置于四

角，蓝色马赛克元素与公园相呼应，夜晚可发光引导；方向指示牌、到达指示牌和警示牌采用古美公园logo形式，统一为双圆形式的指示方式；地图展示牌底座为深灰拉丝不锈钢，磨砂亚克力展示板增加互动性；科普树牌为不锈钢制，附有科普简介和扩展科普知识的手机二维码。整套标识标牌以现代风格结合光电和互动触屏技术，提高导向性和美观性。

公园内新增以蝴蝶元素为线索的艺术小品，延续整体设计风格，增加公园标志性和人的互动性。小品包括蝴蝶形状亚克力材质装置和彩虹色不锈钢字母互动装置。蝴蝶小品随风起舞，字母小品夜间发光，地面互动灯带根据游人踩踏感应发光。

对古美公园内部的垃圾箱进行统一设计，与古美路街道沿街垃圾箱保持一致。箱体采用不锈钢材质，正面绘制深灰色简洁图案，并点缀古美公园logo，以橙色标示干垃圾侧，浅黄色标示可回收垃圾侧。垃圾口设于垃圾箱左右两侧，斜切45°角，方便投掷；箱身设有锁和内置垃圾桶，方便环卫工人清理；防雨挡板可保持垃圾桶的美观整洁。

整套设计旨在为公园提供舒适美观的休息环境，以现代时尚简约风格融合古美路街道和公园的文化特色，考虑全年龄层需求，创造具有古美公园特色的城市家具，提升市民在公园中的游乐、休闲和文化体验。

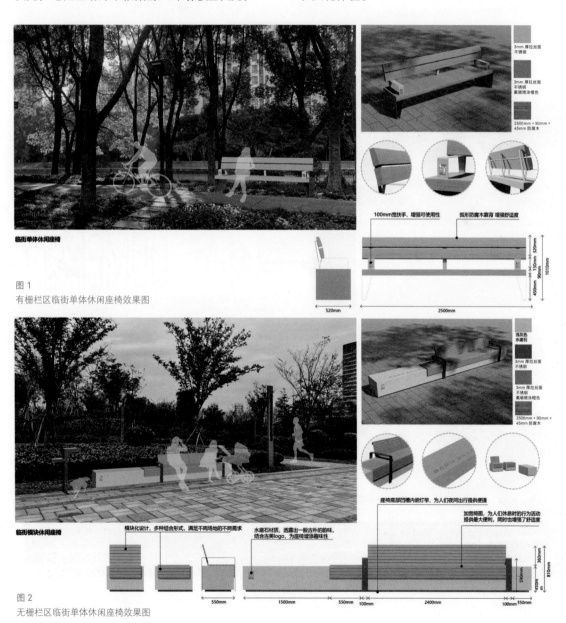

图1
有栅栏区临街单体休闲座椅效果图

图2
无栅栏区临街单体休闲座椅效果图

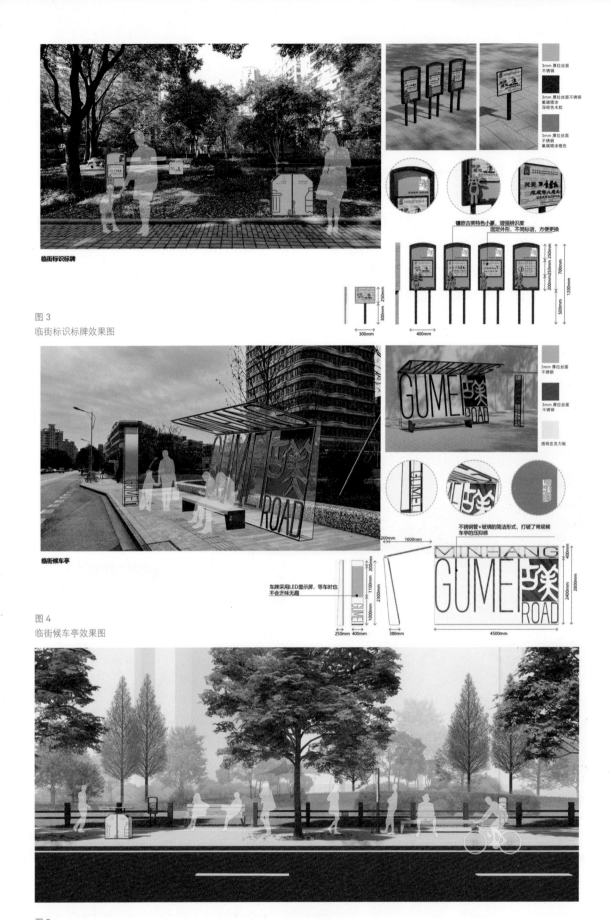

图 3
临街标识标牌效果图

图 4
临街候车亭效果图

图 5
平南路城市家具效果图

图 6
莲花路城市家具效果图

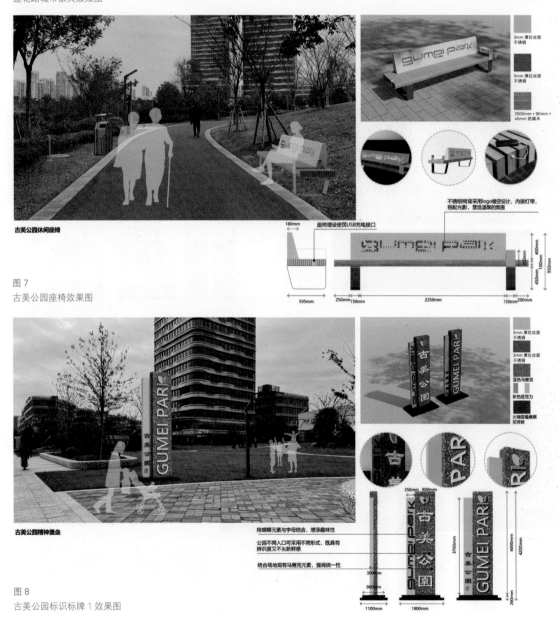

图 7
古美公园座椅效果图

图 8
古美公园标识标牌 1 效果图

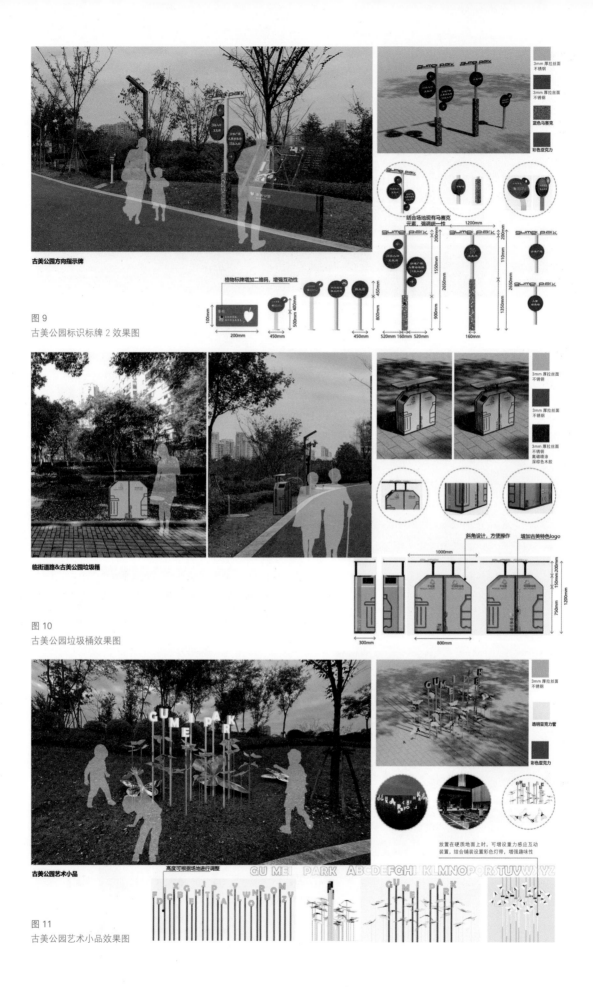

古美公园方向指示牌

图 9
古美公园标识标牌 2 效果图

临街道路&古美公园垃圾箱

图 10
古美公园垃圾桶效果图

古美公园艺术小品

图 11
古美公园艺术小品效果图

双飞翼

Bifurcated Wings

决赛作品
Finalist Award

项目信息

设计团队：辛长昊、岳喜旻、贺宇佳、宋新宇
设计单位：同济大学建筑设计研究院
设计品类：驿站亭、交互艺术装置、照明＋摇椅，标识牌＋花箱＋照明
材　　料：不锈钢、木
技　　术：数字智能、温感、光伏、机械传动

设计围绕以城市家具为街道赋能的愿景，希望通过有趣的、具有可交互性的城市家具吸引周边的市民，给市民带来新的体验，让更多的市民愿意驻足古美公园，享受城市空间带来的乐趣。

经过实地考察挖掘古美公园诗意浪漫的自然文化元素，并进一步提炼演化，作品重新整合重组大赛命题的城市家具的基本元素，并期待其落地后能继续诉说古美与蝴蝶之间的动人故事。

双飞驿

名字源于经典诗句"身无彩凤双飞翼，心有灵犀一点通"。驿站小品"双飞驿"是一个微型建筑，其物理空间由两个半包围的可移动围合体、两片抽象的钢铁蝶翼以及一个异型钢铁构件组成。

驿站定位为服务古美社区的老人、儿童和周边的职员。儿童喜欢捉迷藏、躲猫猫等游戏，而老人希望在视野范围内能看到玩耍的儿童。双飞驿满足了看护者对座椅的需求，同时为孩子们提供掩护和窥探的视野，周边职员也可以在此休息、用餐和欣赏风景。

双飞驿融合了夜间照明设备、加热座椅、投影仪、摄像头等智能化设备，是对城市智能家具的探索和尝试。主要材料为钢铁与木头的结合，运用激光切割、金属折弯与焊接工艺处理驿站结构，并将木板与铆钉安装在与人体接触的部位。

翩翩

翩翩源于成语"翩翩起舞"，是一款具有体验感的交互性艺术装置，用户多为儿童和青年。装置希望通过与人体的交互唤起机械蝴蝶群在自然环境中上下扇动翅膀，营造出翩翩起舞的表演场景。骑行者通过传动机构把动力由齿轮、皮带传递给上下移动的放大器装置，从而使机械蝴蝶通过背部的弹簧与铅坠的配重达成上下翩翩飞舞的效果。

其主要骨架采用激光切割、焊接的钢铁，传动装置可用预制传动结构组建。蝴蝶单体采用激光切割、螺丝钉与法兰组合。蝴蝶翅膀采用与影院放映机所用聚酯薄膜相同的材料制成，以便光线透过。

梦蝶

梦蝶名字源于庄周梦蝶的典故，庄周与蝴蝶

147

可在梦境中互相转化。"梦蝶"这个城市家具就是一个转换装置，让使用者可以体验梦中化茧成蝶的感觉。整体造型将城市灯具与摇椅结合，摇椅能引起孩子的兴趣，使其乐此不疲地在"梦蝶"中荡秋千，释放多动的天性；情侣也会喜欢这里浪漫的氛围。

"梦蝶"采用太阳能背板收集能量，转换光能，为晚上的古美公园提供一抹神秘的亮色，另外储存的光能会转化为电能储存在电池里为电瓶车、手机等用电设备充电。"梦蝶"的主体骨架采用金属折弯、焊接工艺，周边的吊翼采用半透明的磨砂玻璃，吊翼内部的薄透膜采用透明塑料。吊椅的骨架由弯管焊接而成，内部吊椅采用玻璃纤维制造。

蝶引

古代传说中有引路蜂、引路蝶，意为蜜蜂、蝴蝶指引路人，为迷恋山色美景而忘记归途的游人指路，抑或把人们引到桃花源一般的仙境。

功能上，蝶引组合了古美公园标识标牌、花箱和城市照明，还设计出了一个富有声光电趣味效果的蝴蝶指路人的精灵形象。材料上，主体结构是金属弯管，运用传统的铸造金属躯体以及不锈钢片翅膀来表现蝶引精灵。钢铁弯折的花朵与电池以及各种冷暖灯具的集成，变成一个大的骨架板，可以和各种科技设备结合。花箱被抬升到人的视角高度，便于喜爱花草的人们与蝶引互动，蝶引精灵和花箱中真实的花草相映成趣，表现了都市科技未来。

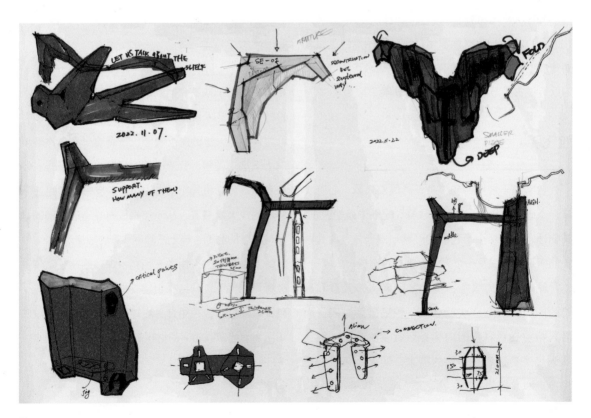

图 1
双飞驿设计手绘稿

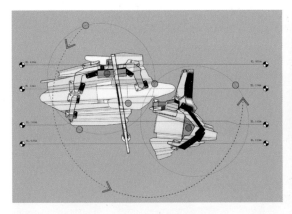

图 2
双飞驿单元尺寸标注

图 3
双飞驿效果图

图 4
翩翩设计手绘稿

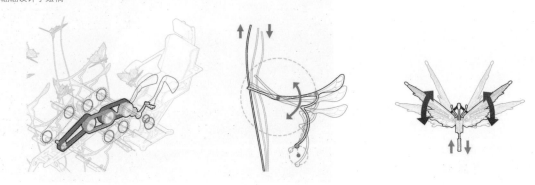

图 5
翩翩传动装置结构

149

图 6
翩翩效果图

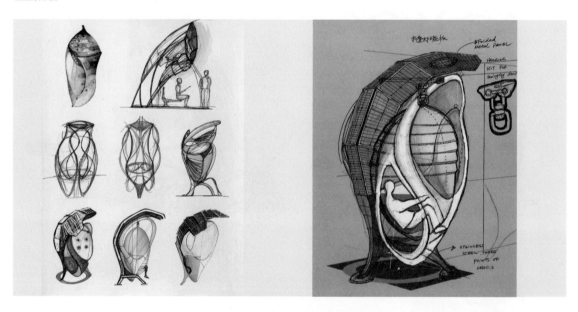

图 7
梦蝶设计手绘稿

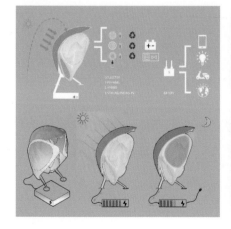

图 8
梦蝶绿色智能性能设计

图 9
梦蝶效果图

150

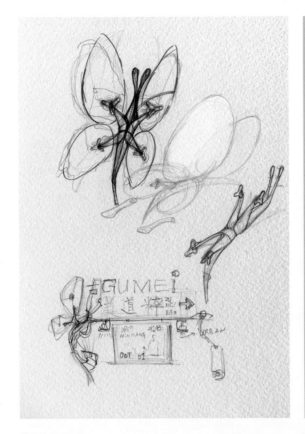

图 10
蝶引设计手绘稿

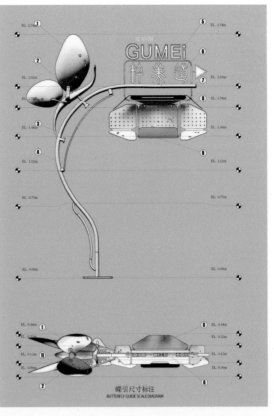

图 11
蝶引单元尺寸标注

图 12
蝶引效果图

蝶意

Artistic Conception of Butterfly

决赛作品
Finalist Award

项目信息

设计团队：施源
设计单位：sy studio
设计品类：景观灯、座椅、
指示牌、公共艺术小品
材　　料：不锈钢、玻璃钢、
圆钢、亚克力
技　　术：3D 打印

本项目选择的设计点位在上海市闵行区古美公园内，设计提取古美公园的景观设计元素与相关的空间形态，希望创作出一批可延续的趣味性空间产品，为使用者提供舒适并带有艺术感与故事想象性的城市景观创意家具。

从高空俯瞰古美公园，其蝴蝶形态与元素非常有特色，整个公园在本设计方案中被分为五个区，并由这五个区串联成一个蝴蝶形状。

设计提取蝴蝶的形态元素，抽象化后应用至不同的公共家具设计中，蝴蝶形态的柔性设计不仅使视觉形象更自然化且更具艺术性，还将人性化的元素演绎得更有趣味性，设计希望能够将古美公园的整体视觉环境及公共设施呈现得更生动有趣。

城市景观灯由不锈钢、亚克力灯箱以及圆钢构成。由灯箱塑造的蝴蝶元素掩映在环境中，形成协调、自然的关系，一方面提供充足照明，另一方面能让人直观感受到蝴蝶设计元素。

休闲座椅为玻璃钢材质，耐候性强，方便维护，也便于采用多种颜色。其造型圆润可爱，取自蝴蝶抽象展开的平面。在整体上突出视觉感和多样性，对整个空间起到点睛作用。

标识牌为不锈钢主体嵌入亚克力板，造型为蝴蝶的剪影，并以不锈钢立体字在亚克力板上标示信息，辅以蝶翼的轮廓线起导向作用，使信息指示呈现得更清晰明确。

公共艺术小品为轻钢结构的蝴蝶三维曲面展开形态，结合马赛克元素，采用透明色和绿色的双色亚克力装饰板，构成充满节奏感的马赛克图案。整个设计呈现轻巧、透明的蝶状形态，既能成为空间中的视觉中心，也可以吸引人进入空间内，感受光影变幻的乐趣。

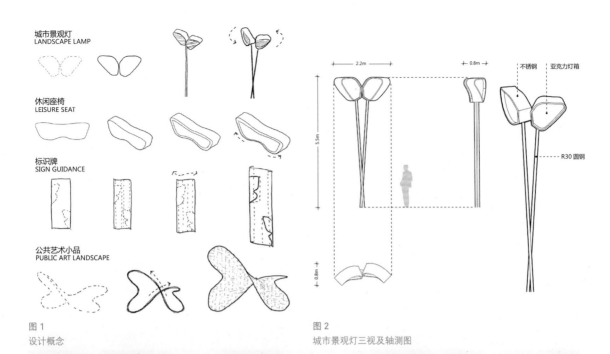

城市景观灯
LANDSCAPE LAMP

休闲座椅
LEISURE SEAT

标识牌
SIGN GUIDANCE

公共艺术小品
PUBLIC ART LANDSCAPE

2.2m　　0.8m

不锈钢　亚克力灯箱

5.5m

0.8m

R30 圆钢

图 1
设计概念

图 2
城市景观灯三视及轴测图

图 3
城市景观灯效果图

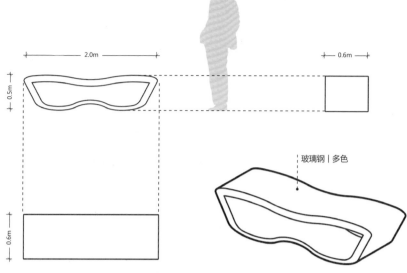

2.0m
0.5m
0.6m
0.6m

玻璃钢 | 多色

图 4
休闲座椅三视及轴测图

图 5
休闲座椅效果图

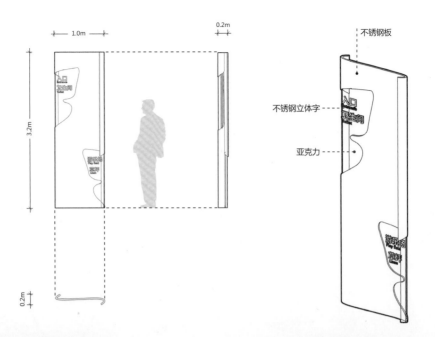

不锈钢板

不锈钢立体字

亚克力

1.0m

0.2m

3.2m

0.2m

图 6
标识牌三视及轴测图

图 7
标识牌效果图

155

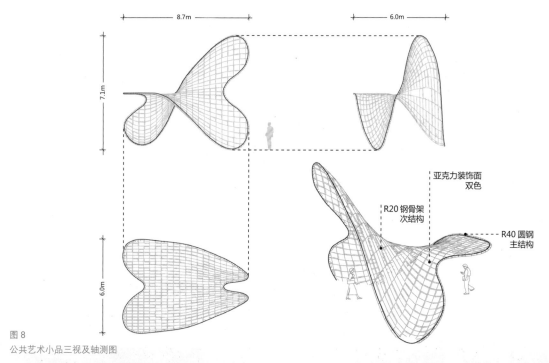

亚克力装饰面
双色

R20 钢骨架
次结构

R40 圆钢
主结构

图 8
公共艺术小品三视及轴测图

图 9
公共艺术小品效果图

156

图 10
整体效果图

新『美』闵行 『古』法自然

Embracing Tradition of Nature, Unveiling New Beauty in Minhang

决赛作品
Finalist Award

项目信息

设计团队：孙大旺
设计单位：上海初果文化传播有限公司
设计品类：座椅、景观灯、综合体、桥栏
材　　料：不锈钢、木、亚克力

　　上海两百多个街镇，只有闵行古美路街道名字里有"美"。独特的"美"就成为"古美"创新、创意的原点。如何从时间维度上相对全面地体现她的美，展示闵行的过去、现在和未来？这成为我们此次参赛想要探索和解决的主要问题。

　　设计尝试以多种形式和形态来最大限度地呈现"美"。从早期的石刻纹样到书圣王羲之书法的飘逸"美"，进而到点阵化的构成"美"，再到被提炼出的四横线的抽象"美"，我们尝试用丰富的"美"来呼应"古法自然，新美闵行"的核心概念。

　　策划发起"百把美椅领养计划"，将 100 个点阵化的书法字"美"制作在 100 把椅子上，从社区挑选出 100 个家庭，每个家庭各"领养"一把椅子。认领者可以将自己喜欢的带有"美"的诗词或自己写的带有"美"的句子印制在各自"领养"的椅子上，使得公共家具与个人产生更紧密的关联，增加居民与城市家具的互动性以及居民对社区的归属感。

　　立方体景观灯有若干书法"美"字为主视觉元素，能在夜晚清晰获得识别并传递文化气息。该设计具有高度的灵活性，可以根据不同需求及点位进行任意数量的组合，在不同场所展现不同的书法作品，形成多样性的、具有雕塑感的景观效果。

　　美意无限综合体所在区域位于古美公园一隅，有较开阔的草地可供人游玩，但缺乏使人停留的休憩设施，设计方案利用中心区域的三岔路，沿道路形成起伏的廊架。不同的高低起伏形成座椅、拱门、健身、娱乐设施，由此成为活动中心。

　　草地公园内部以水体为主，可休憩停留的地方较少，且沿路的草坪形成了较多的坡地，不便于安放休憩设施。利用坡地打造具有高差的休息平台，并结合地势构成起伏的亭廊，形成一组可观赏湖景的家具组合。

　　由于场地有限，古美公园不宜放置大的雕塑装置。通过利用"蝶湖"上的桥栏作为主题视觉焦点，既不占用位置，又能形成文化记忆。以起伏的格栅形栏杆为基础，嵌入"美"字和蝶形图案，形成独特的景观。

图 1
美字椅概念生成及效果图

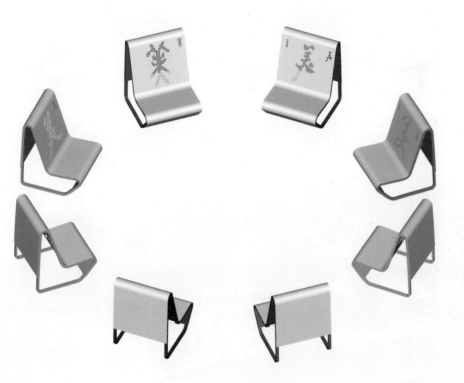

图 2
美字椅效果图

159

图 3
美意无限综合体鸟瞰效果图

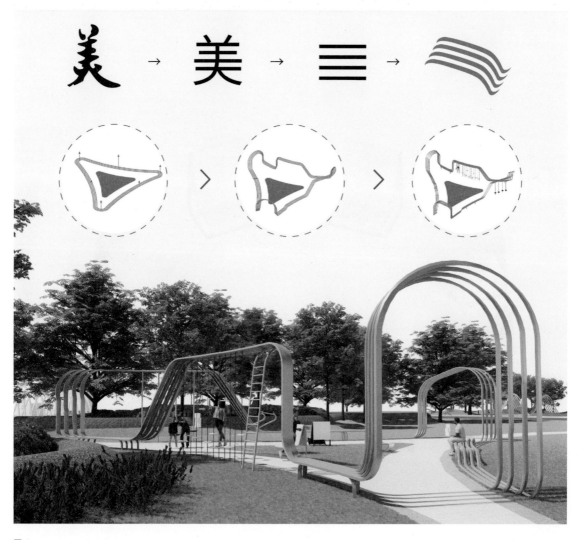

图 4
美意无限综合体概念生成

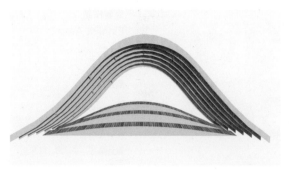

图 5
美拱亭立面图

图 6
美拱亭效果图

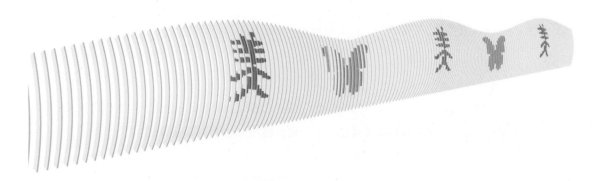

图 7
美蝶桥桥栏设计效果图

图 8
美蝶桥效果图

窗棂创·无界·灵

Window Lattice · No Boundaries · Creative Spirit

决赛作品
Finalist Award

项目信息

设计团队：王维佳
设计单位：上海应翔建筑设计有限公司
设计品类：亭、廊、候车站、家具
材　　料：桦木海洋板、回收塑料
技　　术：3D 打印

为打造诗意浪漫，有时尚风、烟火气的城市社区会客厅，本项目选取"一园四角"即古美公园及其周边四个角作为设计片区。在城市微更新与低碳设计的理念下，采取模块化、弹性化、适老化的设计策略，以无界之窗、提升活力之美、创造灵动空间为创作理念，确定主题为"窗棂·无界·创灵"，设计了几款以休憩、展览、市集、工作、交谈、娱乐为主要功能的小型城市家具。

设计定位与用户研究

古美公园是闵行区的综合性社区公园，服务半径 1200~1500m，适宜游客容量 2500~4000 人。公园以蝶形水系的基础形态、可持续生态系统、全覆盖无障碍设计、丰富的娱乐健身设施，获得不同年龄、不同兴趣人群的青睐。城市家具设计定位应综合考虑老年、儿童、青年的需求，打造时尚外表，保持功能性和趣味性，兼顾无障碍设计。

根据实地调研反馈，新潮的智能化设计、温暖的适老化设计、有主题的系统化设计符合目标人群需要；综合考虑从业者建议与居民需求，设计方向定为智能化设计、适老化设计、主题化系统设计，

并在此基础上关注引导分流，设置舒适智能公交站台，融入文化符号等细部处理。

创意描述

窗可隔断建筑与室外空间，透光通风，同时也可以是艺术画框。窗棂是传统木构建筑的窗格，在江南园林（如留园、豫园、拙政园等）中得到精妙的运用，但在现代房屋中却难以见到。借助使用窗棂这一传统元素，旨在唤起对我国传统文化的重视，增添古典美感，促进景观连接性与通透性。

古美公园是闵行区较大型的综合性社区公园，地段优越。设计以古典窗棂为主要创作元素，既是传承传统文化，又是呼应古美公园作为闵行之窗的寓意。窗棂部分设计选用温馨的米黄色木质材料，营造温暖浪漫的氛围，期待为游客带来愉悦体验。

除窗棂外，项目采用双坡顶作为另一创作元素，重重坡顶高低错落有致，体现出现代美与古典韵味。

功能价值

"灵创魔方"采用模块化、可变动、弹性化的

设计策略，以坡屋顶结合冬暖夏凉的木质材料作为设计元素，内部空间使用低碳理念下的回收塑料，活动家具采用可回收塑料 3D 打印。小魔方内部可随意变动，发挥休憩、交谈、学习、运动、娱乐、装饰等不同功能。大魔方可随意组合成不同模块，如儿童游乐区、集市区、交谈区、休闲区、展览区等。魔方概念意在让居民参与进来，增强能动性及交互作用，使居民能打造自己心仪的户外公共空间。

"无界"是以双坡顶及窗棂作为设计元素设计的候车站。将"房屋"作为候车站的整体形态，两面掏空，使其成为兼备候车及休憩功能的现代亭子。亭内放置桌椅装饰等，居民可以在壁架上放上自己喜爱的书籍或盆栽，营造出"家"的感觉。

"玲珑廊"的设计是在廊架基础上做了一些改进，圆弧形搭配浅色系更适合古美公园现代与古典兼具的设计风格，视觉上更为轻盈，意在为居民创造一个宽敞自在的休憩空间。

材料与技术

"灵创魔方"主体选取桦木海洋板，海洋板早期常应用于轮船与户外，经典的桦木纹海洋板因其纹路像波浪而得名，符合户外防水防潮并兼具美观的功能需求。

在灵创魔方里的"魔方"（可移动小方块）及一些桌椅等制作过程中，采用了回收塑料 3D 打印技术。

缺少展示舞台
材质选择给人冰冷感
廊架形式单一、功能性弱
形式浮夸，不利于形成模式化
景观小品缺少互动性
儿童设施低龄化，缺乏新意
廊架形式单一、功能性弱

图 1
现状分析

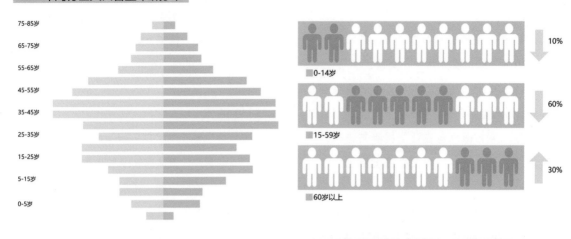

2020年闵行区人口普查年龄分布

75-85岁
65-75岁
55-65岁
45-55岁
35-45岁
25-35岁
15-25岁
5-15岁
0-5岁

0-14岁 ↓ 10%

15-59岁 ↓ 60%

60岁以上 ↑ 30%

闵行区常住人口265万，本区户籍人口116万，本地人不少

总体地区人口数量上升，人口结构合理，有进一步提升
场地吸引力的能力，但人口老龄化的问题也需高度重视

图 2
用户分析

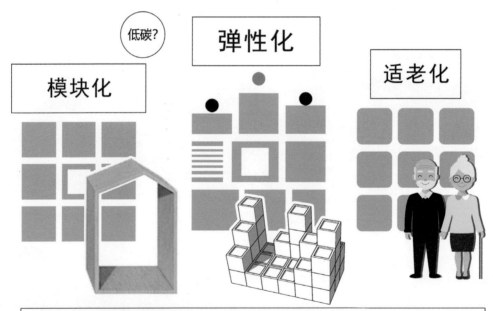

低碳?

模块化   弹性化   适老化

人口持续老龄化在未来较长一段时间内将是闵行区人口情况的常态。故而，养老适老改造势在必行。
模块化可大大提升经济效益，利于大规模生产及运用，可将系统细分为各个较小部分。而各较小部
分则可在不同系统之间独立创建、修改、替换或交换。
可变动的弹性化设计能提高居民能动性和交互意愿，使其有机会为自己打造心仪的户外公共空间，
由此提升用户体验感。

图 3
设计策略

窗棂

窗棂这一传统元素,一是唤起人们对我国传统文化的重视,二是增加复古时尚之美,三是分隔创造空间的同时利于提升景观连接性与通透性。

窗棂即窗格,常见于中国传统木构建筑里的窗框之中。

上海地处江南,江南湿润的气候使得在上海的传统建筑中坡屋顶的运用十分常见,而双坡屋顶的构造比单坡顶更多了一种造型美,高低错落有致,又充满古典韵味。

双坡顶

图 4
灵感来源

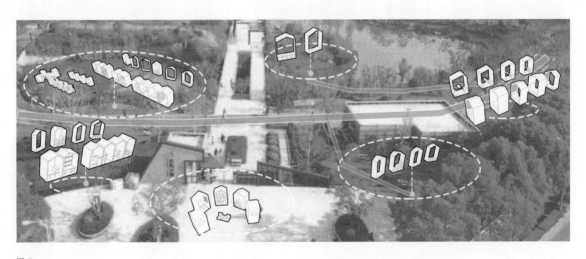

图 5
"灵创魔方"布局样式

图 6
"灵创魔方"立面效果图

哦，偶尔娱乐一下
可以玩的简易秋千
小朋友和大朋友都

摆摊⋯⋯
当收纳柜、展示格、
么吗？坐着、躺着、
你能想到可以做什

纳展示窗口！
以是有节奏感的收
不，太危险！它可
一步两步往上爬！
小朋友的爬爬架？

，再坐着观赏一下
放一点可爱的多肉
上啦，你可以摆
街上啦，你可以摆
家里的展示墙搬到

要多高有多高
高低错落的小方块

拼一下试看
还记得七巧板吗？
看到肯定好奇了，，
三角块，小朋友们

松起来
上，工作都变得轻
来，照射在办公桌
阳光透过窗子撒进

脚也觉得新奇
的想象力，临时歇
组合家具，发挥你

是摊位比较实际哦
？双面敞开好像还
办公桌？摆摊摊位

图 7
"灵创魔方"内部空间

窗棂

小憩

图 8
"灵创魔方"使用场景

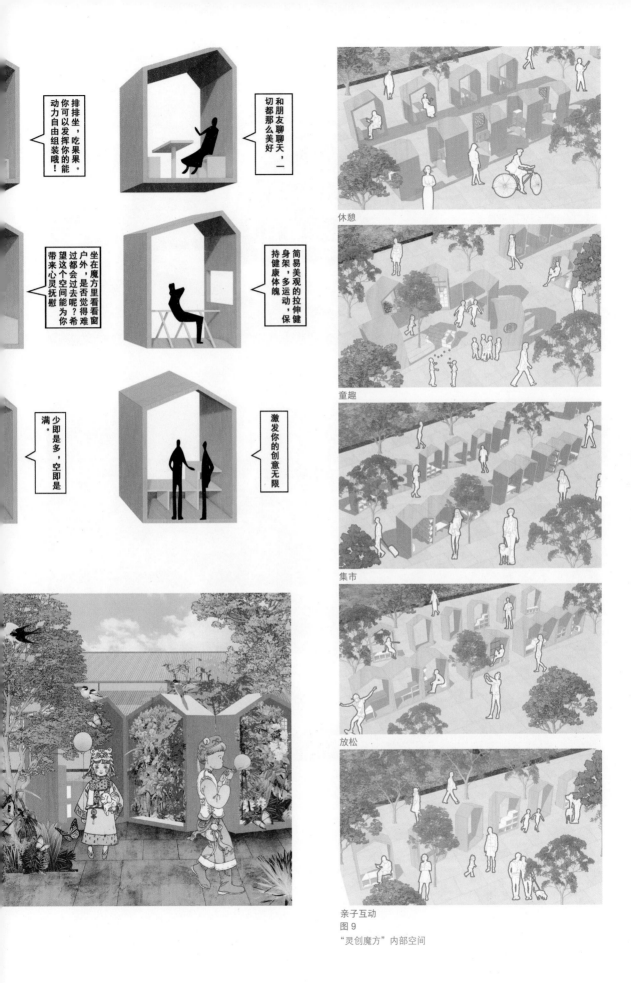

和朋友聊聊天，一切都那么美好

排排坐，吃果果。你可以发挥你的能动力自由组装哦！

简易美观的拉伸健身架，多运动，保持健康体魄

坐在魔方里看看窗户外，是否觉得难过都会过去呢？希望这个空间能为你带来心灵抚慰

激发你的创意无限

少即是多，空即是满。

休憩

童趣

集市

放松

亲子互动
图 9
"灵创魔方"内部空间

167

图 10
"无界"效果图

图 11
"玲珑廊"效果图

芝兰玉树 韵律古美

Worthy Followers Elegant Gumei

决赛作品
Finalist Award

项目信息

设计团队：马宇虹、钱栎
设计单位：上海灵蜥文化创意有限公司
设计品类：儿童游乐设施、健身打卡台、喂鸟器、昆虫旅馆、动植物介绍牌、宠物拾便袋取用器、座椅、垃圾桶、标识牌
材　　料：不锈钢、防腐木
技　　术：数字信息

设计依托古美"一环一路"对应的一园四角，以古美特色为载体激活空间。通过对古美社区现状调研，居民需求主要为更多的人文关怀、便捷的智能生活和提高生活品质。数据显示，古美社区老龄化程度不断加剧，原有的公共设施难以满足适老化需求。由此得出设计目标：设施功能优化与景观特色提升。

如何打造古美特色的IP？针对古美公园现状中的不足，可以利用自身优势，提高关注度和资源利用度，对其进行公共设施、文化IP及设施更新的改造，形成共存、共生、共享的局面。设计提出"在自然中看艺术"的概念，依托古美自身优势去塑造属于古美的城市家具。

设计灵感来源于古美公园已有的蝴蝶元素，并联想到蝴蝶结、茧、花，通过对蝴蝶曲线的抽象提炼，得到作品的造型流线。破茧成蝶是蝴蝶生命历程中的高光时刻，设计方案中的功能、创新都由此而生，在蝶、茧、花的概念中进行形变和拉伸。设计同时结合玉兰花主题元素，借鉴了古美公园的"蝶"的曲线走势，设计了四组城市家具，分别为"芝兰车站""玉兰花灯""花瓣站牌"和"花型座椅"。

芝兰车站为设计的主体部分，造型上借鉴了蝴蝶翅膀元素与兰花形态，使车站颇具碧瓦飞楣、秀丽挺拔之感。其功能包括休息座位、候车空间、共享停车位、公交实时更新等功能。古风犹存，美美与共。在这组城市家具设计中，芝兰车站以白色为主，辅以彩色点缀，给人以天真童趣和活力感；花瓣站牌以粉色为主，玉兰花灯以不锈钢和玻璃之感为主；花形座椅以木色为主，取环保自然、古色古香之意。设计中运用了大量的曲线和弧线，营造自然柔和的美感，期待设计出的城市家具能与公园内的一草一木有机融合，互相衬托。

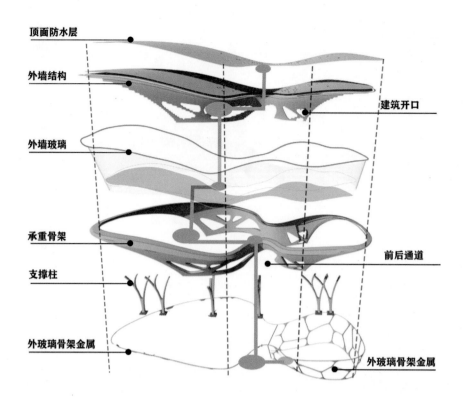

顶面防水层

外墙结构

建筑开口

外墙玻璃

承重骨架

前后通道

支撑柱

外玻璃骨架金属

外玻璃骨架金属

图 1
芝兰车站爆炸图

图 2
芝兰车站效果图

170

图 3
芝兰车站内部空间效果图

图 4
玉兰花灯效果图

图 5
花瓣站牌效果图

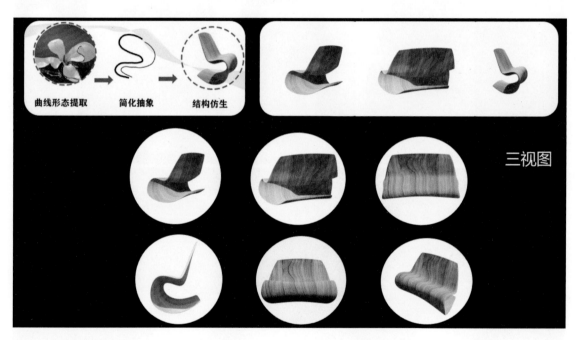

图 6
花形座椅概念生成及三视图

172

生命脉动

Pulse of Life

决赛作品
Finalist Award

项目信息

设计团队: 周红旗、黄蕊玉、陶依柳、戴可欣
设计单位: 上海外国语大学贤达经济人文学院
设计品类: 交互棚、宠物家具、座椅、艺术装置
材　　料: 木板、聚乙烯、上色涂漆、玻璃、金属、LED等
技　　术: 多媒体、数字互动

作品意图设计这样一个场地：当面对世界上不同种类的生命体时，这一场地都愿意以热情、包容的真挚态度来迎接。

设计采用现代的方式来展现自然，期待让人产生耳目一新的观感。在社区内人们将看到植物、动物、人三者在一个现代化的场地和谐共处的画面。

本次设计通过分析社区现状与缺陷，结合地方特色，利用个性化的城市家具表达对于未来社区的愿景。场地选在上海市闵行区合川路中间带，主体为近河休闲步道，主要供游客和附近居民使用。为了将设计初衷与现实场地更好地融合在一起，设计方案同时结合了一些古美公园的特色元素。

场地分为植物互动科普区块和宠物友好区块，平面呈蝴蝶形态，与古美公园的蝶形湖起到联动作用，主要由一动一静两大区块组成。通过打造多功能交互棚和植物科普屋提高大众对于满足便民生活业态、展览展示、植物科普的需求和兴趣，从而加强地方特色植物的宣传。

其中最主要的设计交互棚是一个梯形装置，结构稳固、材料易获取，其设计理念是以简单方式使之成为多功能组合的模块化家具，具有时间播报、天气预报、观赏休憩、植物标本展示等交互棚基础功能。植物科普屋的主要装置是一块大型互动屏，人们可以坐在物品存放家具上观看屏幕上的互动内容，旁边设有植物墙和植物科普立牌。另配置了多功能座椅和宠物友好器材，为群众提供互动场地之余，同时解决了附近携带宠物居民的一些困扰，最终营造出饱含温度与包容度的古美社区氛围。

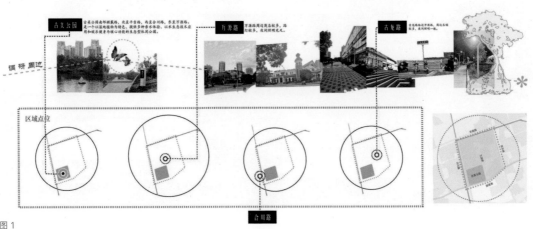

图 1
道路环境调研分析

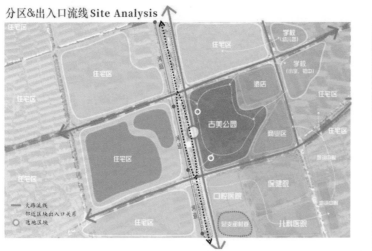

分区&出入口流线 Site Analysis

图 2
基地调研分析

交通分析（公交）
Bus Station

交通分析（地铁）
Underground Station

图 3
来访群体动态分析

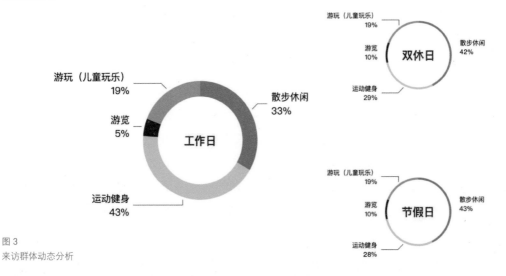

游玩（儿童玩乐）
19%

游览
5%

散步休闲
33%

工作日

运动健身
43%

游玩（儿童玩乐）
19%

游览
10%

双休日

散步休闲
42%

运动健身
29%

游玩（儿童玩乐）
19%

游览
10%

节假日

散步休闲
43%

运动健身
28%

图 4
设计策略

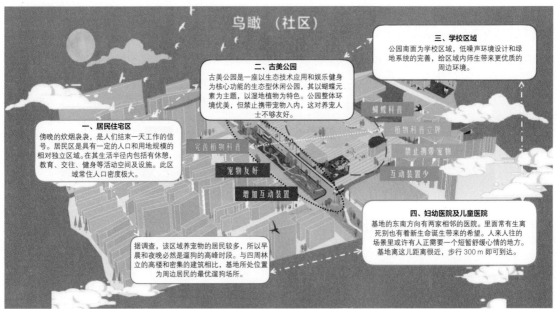

鸟瞰（社区）

三、学校区域
公园南面为学校区域，低噪声环境设计和绿地系统的完善，给区域内师生带来更优质的周边环境。

二、古美公园
古美公园是一座以生态技术应用和娱乐健身为核心功能的生态型休闲公园，其以蝴蝶元素为主题，以湿地植物为特色。公园整体环境优美，但禁止携带宠物入内，这对养宠人士不够友好。

一、居民住宅区
傍晚的炊烟袅袅，是人们结束一天工作的信号。居民区是具有一定的人口和用地规模的相对独立区域。在其生活半径内包括有休息、教育、交往、健身等活动空间及设施。此区域常住人口密度极大。

据调查，该区域养宠物的居民较多，所以早晨和夜晚必然是遛狗的高峰时段。与四周林立的高楼和密集的建筑相比，基地所处位置为周边居民的最优遛狗场所。

四、妇幼医院及儿童医院
基地的东南方向有两家相邻的医院。里面常有生离死别也有着新生命诞生带来的希望。人来人往的场景里或许有人正需要一个短暂舒缓心情的地方。基地离这儿距离很近，步行 300 m 即可到达。

174

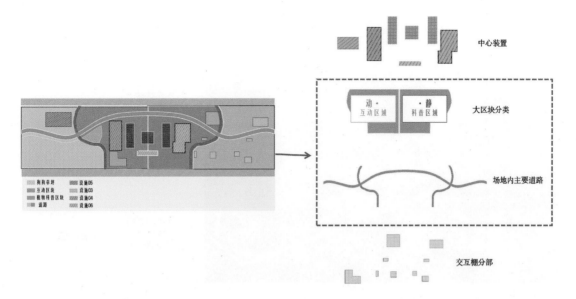

中心装置

大区块分类

动·
互动区域

·静
科普区域

场地内主要道路

交互棚分部

狗狗草坪　　设施05
互动区块　　设施03
植物科普区块　设施04
道路　　　　设施06

图 5
功能分区

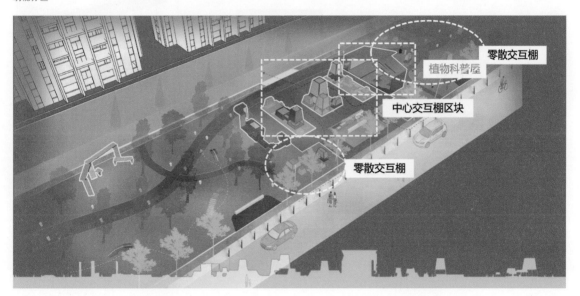

零散交互棚

植物科普屋

中心交互棚区块

零散交互棚

图 6
交互棚和植物科普屋分区布局

装置尺寸

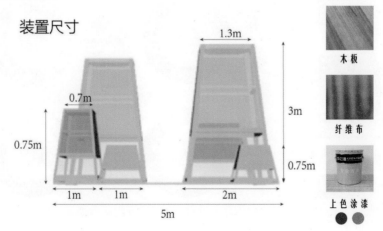

1.3m

0.7m

3m

0.75m

0.75m

1m　1m　2m

5m

木板

纤维布

上色涂漆

图 7
交互棚设计方案

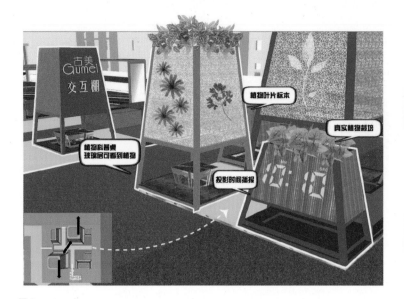

互动桌

木纹状桌子裂纹处有灯光

中间为透明玻璃层可放置绿植

图 8
交互棚步行视角

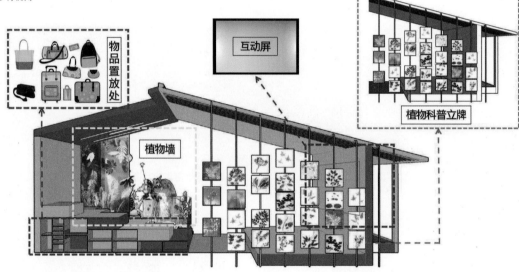

图 9
植物科普屋功能解析

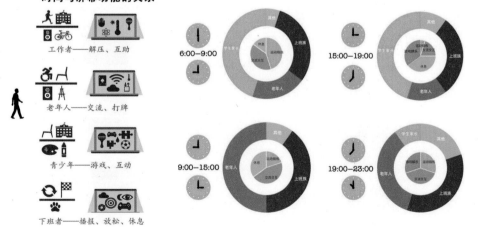

图 10
互动屏使用人群分析

176

图 11
互动屏屏幕功能策划

图 12
植物科普屋步行视角

图 13
互动板、洗手台和壁挂植物墙分区布局

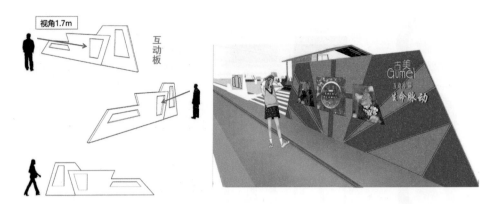

图 14
互动板设计

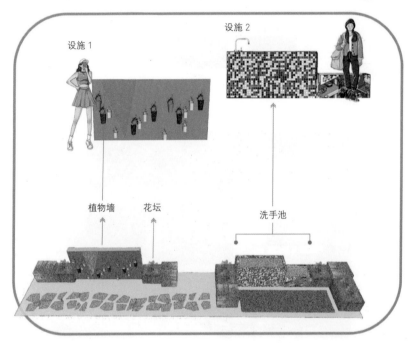

图 15
洗手台和壁挂植物墙设计

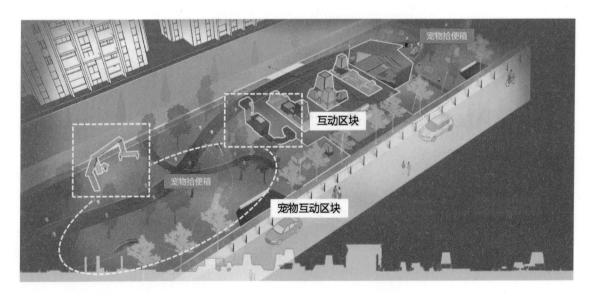

图 16
宠物互动区块、互动区块和艺术装置区块分区布局

178

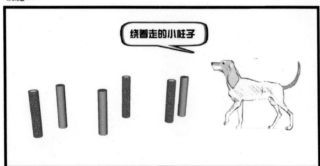

图 17
宠物友好家具

图 18
互动区块家具设计

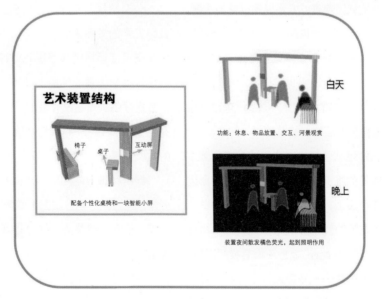

图 19
艺术装置设计

花开·花落万物生

Bloom and Wither, All Spring to Life

决赛作品
Finalist Award

项目信息

设计团队：符馨霖、刘秋云
设计单位：广州应用科技学院
设计品类：公交车候车亭、艺术小品、户外座椅、标识标牌
材　　料：金属、木、亚克力
技　　术：数字多媒体

围绕古美园林街区敦亲睦邻、融乐家园、和谐古美、品质生活的社区愿景，方案确定以花为主题，以期营造蝶恋花的园林艺术氛围。

该方案设计面向的是大众群体和喜爱来公园健身娱乐的人群。

方案设计整体以花瓣为原型，抽象提炼出线条和几何形体元素作为产品造型的基础。

艺术小品巧妙地结合起古美公园的蝴蝶元素主题，形成了蝶恋花的唯美氛围感。艺术装置里面运用了球形镶嵌在小品上，让人想到少女腕间手链上垂下的玉珠，而花顶的几何形式组合则模拟出水珠掉落在地面晕开的形状。此外，装置还设有夜间照明，参考了上海冬日的场景——寒冷天气里亮起的灯，温暖着形形色色的人，柔软而唯美。在行人触摸圆球的时候，装置会发亮形成互动。

公交站候车亭的设计灵感源自花瓣形状，通过几何元素的抽象表现，创造出独特的候车亭造型。候车亭顶部运用圆弧呈现花瓣掉落的形态，花瓣上的水珠抽象为顶部的圆形装饰，球体可根据人体动态变换颜色。车站设有台阶座椅、独立信息电子屏、充电设备和 Wi-Fi 等实用功能。结构主体采用温暖的木质材料。

标识标牌方案同样运用由花瓣原形提取的几何形体，通过圆形与方块图形的巧妙结合，使用切割、交错、嵌套、镜像等手法，以及多彩的颜色，为行人指引方向。

户外座椅方案灵感取自花瓣弧度，提炼出圆弧异形造型，带给人们柔和可亲之感。

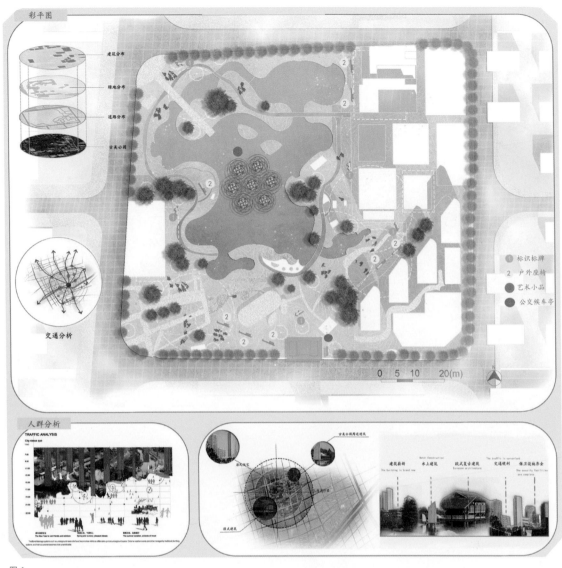

图 1
场地分析

图 2
概念主图

图 3
艺术小品效果图

图 4
公交站候车亭效果图

182

图 5
标识标牌效果图

图 6
座椅效果图

优秀奖作品
Excellence Award

海上之蝶　橙意古美

智慧乐享　水绿街区

蝶

编之域

蝴芽计划

鹭影翩跹　美至闵行

蝶连忘返

陌里玉兰开　沪上百蝶过

蝶韵空间

蝶梦无边

海上之蝶 橙意古美

Butterflies from the Sea, Orange Dedicated to Gumei

优秀奖作品
Excellence Award

项目信息

设计团队： 王艺，冯文宇
设计单位： 综合体、座椅、标识标牌、自行车停放架、垃圾桶
设计品类： 儿童游乐设施、健身打卡台、喂鸟器、昆虫旅馆、动植物介绍牌、宠物拾便袋取用器、座椅、垃圾桶、标识牌
材　　料： 可再生材料、废旧材料、创新合成材料
技　　术： 多媒体、数字互动、再生循环系统

设计从生活在古美的 6 个 9 ~ 10 岁的"橙色雏鹰"小体验官的儿童视角出发，开展了一次特殊的研学调研，以"调研目的、调研背景、调研计划、讨论创作"为项目研究方式，以"小组集合—制定路线—发现互动—设计创作"为调研设计主脉络，用儿童的需求发现问题，用儿童的创意解决问题，用"城市积木"的概念手法搭出梦想中的椅子、桌子、亭子等。

调研背景

闵行古美位于上海西南，是上海最具人文活力和转型动力的主城区块之一。"古美"地名来源于横贯辖区的顾戴路，由顾戴路之"顾"谐音"古"、梅陇之"梅"谐音"美"组成。

古美是现代化主城区建设先行示范区，在不断自我升级、更新的进程中，彰显创新、开放、生态和人文感，是宜居便捷、有温情和温度的"美意"之地，其以"敦亲睦邻、融乐家园、和谐古美、品质生活"为愿景目标，期望未来能成为诗意浪漫、有时尚风和烟火气的城市社区会客厅。

实地调研

以古美公园为核心，以其周边"一环一路、一园四角"为重点，设计团队展开实地调研。根据调研总结出以下设施和设计方面的不足与缺失。

绿色停车区缺乏形象感、充电桩、智慧识别，停车密度不均、等候引导不足；公交车候车区缺乏等候空间、中转标识、便捷售卖设施。

礼仪形象区缺乏人文介绍、交通指引、地面引导；入口导览区缺乏智慧互动、实时反馈、便民寄存，文字过多、颜色、形状比较单一。

健身区缺乏适老置物区、适老介绍区；儿童区缺乏适童置物区、童车停靠区；现有景观设施体系性待协调，功能性需集约。

水上活动区当前缺失布置，或可设置直播活动间、桨板、陆冲等活动；草坪活动区当前缺失布置，有潜力开展企业宣讲会、室外文化艺术联展等。

设计主题

Logo 创意形象提取自海上翩然而起的蝴蝶，

主题色采用古美橙，辅助色为报春红、葵扇黄、洞石蓝、麦苗绿。

设计原则为促进城市家具起到文化传承与智链作用，采用"城市积木"的概念手法，以古美为形、以人为本、以科技为魂。设计策略是绿色环保，节约资源和能源。设计旨在创造无处不在的"可玩空间"，打造面向"所有人"的城市空间。

节点设计

在公交候车区域，针对有限的人行通道设计可收纳座椅。产品由多种环保材料制成，如带粉末涂层的镀锌钢、可弯曲玻璃板、纳米材料环保板材等。设计成品是座椅、是幕墙，更是风景，主要功能设置为折叠座椅、户外课堂、互动投影（上／下）、消毒喷淋系统等。

"积木"一动一静，使用不同材质，温暖的主调橙色漆面和活泼变换的色块形成了静与动的状态，呈现出设计元素的趣味对撞。整个设计打造出一块游乐场地，它既作为公共家具，也作为与人交流的装置，主要功能涵盖标准候车亭、休闲座椅、残疾座椅、停车系统、清洁系统、宠物饮水、垃圾箱、花箱等。

在导视装置部分，设计是钢铁积木的放大版，所有的积木四周布满了标准大小的穿孔，就像是小时候的积木，人们可以在自己喜欢的位置，根据自己喜欢的颜色、喜欢的形状，打造自己喜欢的家具。该装置色彩与形式的调改十分便利，可玩性极强，功能涵盖 3D 地图导视、AR 实景导航、VR 全景漫游、触摸大屏、导视地图、指向牌、标识牌等。

针对一老一小的需求和新业态的植入，将模块组合摆放在一起，通过排列组合、嵌套，将每个原件固定在适当的位置，从而创造出最适合空间的产品。所选用的色板可自由搭配颜色，形成丰富多元产品体系。该装置功能主要包括休闲座椅（加热／降温系统）、无线充电、Wi-Fi 等。成品如同巨大的彩色海报艺术，可将城市的元素和概念柔和地融入整体的环境。

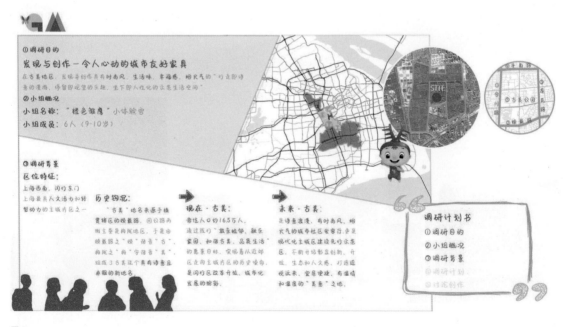

图 1
调研计划书

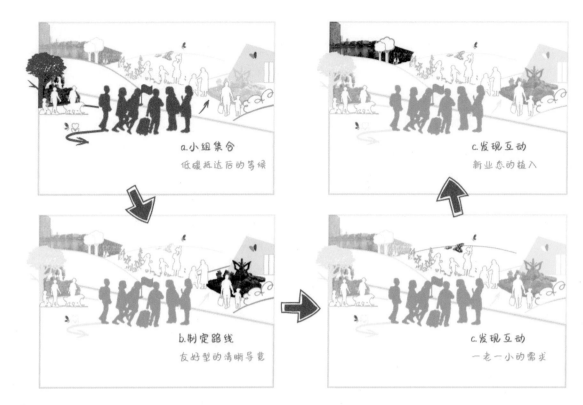

图 2
调研计划

图 3
Logo 设计

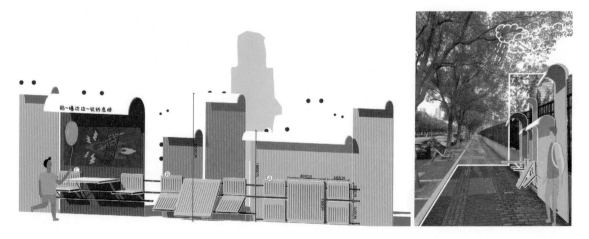

图 4
可收纳座椅效果图

图 5
"积木"导视系统

图 6
休闲座椅

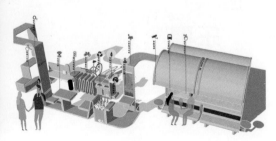

图 7
自行车停放架效果图

图 8
垃圾桶效果图

图 9
模块组合

智慧乐享 水绿街区

Smart and Green Neighborhood, Full of Fun

优秀奖作品
Excellence Award

项目信息

设计团队：
设计品类：公交站候车亭、护栏花箱、标识牌、座椅
材　　料：钛合金、PC板木材、大理石
技　　术：数字交互、智能系统

本次项目选址于上海闵行区古美路街道，该地交通便利，毗邻多条道路，并且距离上海虹桥机场较近，人流密集。设计旨在将古美路街道打造成一个时尚、智能和环保的绿色活力街区。

在设计过程中，团队注重细节和用户体验，对周围场地进行充分调研。根据调研发现古美公园内有许多蝴蝶元素，由此获得灵感：在候车亭的栏杆部分加入精致的蝴蝶形态的细节，以增添艺术氛围。

为了更好地了解使用人群的需求，我们进行了问卷调查和走访，得知周边的活动人群构成非常丰富。鉴于此，我们决定采用明亮的黄色来装饰街区，希望能够给人们带来愉悦、充满活力的感觉。此外，黄色还能提升街区的可见性，增加路人的安全感。

在材质选择上，我们充分考虑了生态环保的因素。钛合金是一种轻巧而坚固的材料，能够提供良好的结构支撑；PC板木材则具有防水、耐候和环保等特性；大理石作为一种典雅的建筑材料，能够提升街区的品质与氛围。

同时，在车站内部设置了智能系统，利用二维码和小程序的方式，使人们可以方便地搜索附近的快餐店、酒店、加油站等公共设施的具体位置和内部信息。此外，标识标牌和地图的设置也能够及时为前来此地的人提供帮助和指引。

设计的总体目标是打造一个集时尚、智能和环保于一体的绿色活力街区，以提升居民和游客的居住和出行体验。通过精心设计的细节、明亮的装饰和智能系统的引入，期待这个街区未来能成为古美路街道的文化地标和人们喜爱的休闲场所。

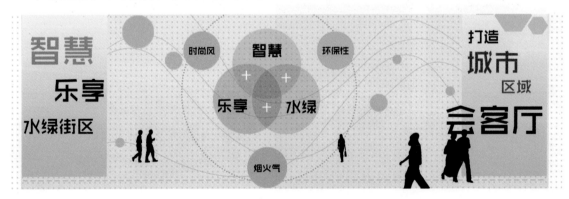

图 1
主题解读

190

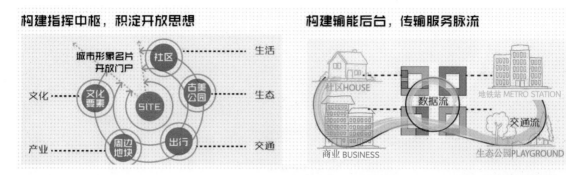

構建指揮中樞，積淀開放思想

構建輸能后台，傳輸服務脈流

图 2
智慧系统构成

候车亭立面图

候车亭效果图

太阳能电池板

电力

智慧出行

智能地图

智慧社区

图 3
智慧系统构成

图 4
候车亭功能细部

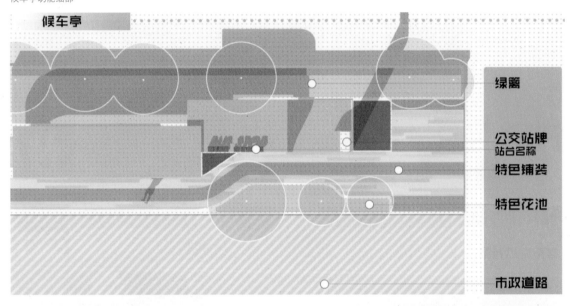

候车亭

绿篱

公交站牌
站台名称

特色铺装

特色花池

市政道路

图 5
候车亭平面图

图 6
护栏花箱效果图

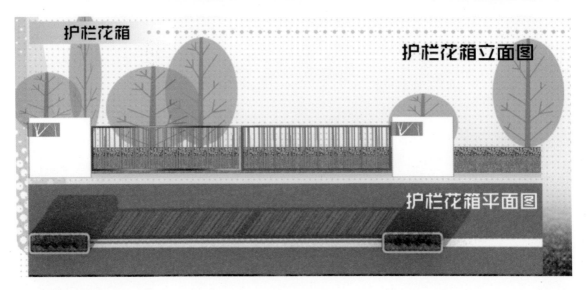

图 7
护栏花箱立面图与平面图

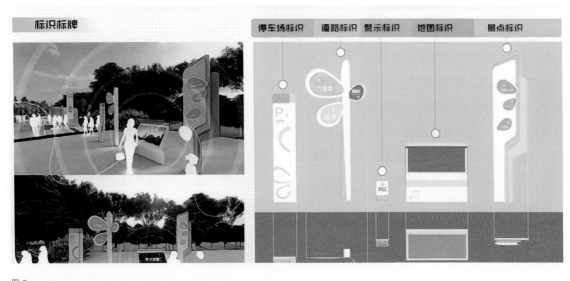

图 8
标识牌效果图及立面图

图 9
座椅效果图

蝶

All About Butterflies

优秀奖作品
Excellence Award

项目信息

设计团队：陈苏柳
设计品类：标识标牌、艺术小品、垃圾桶、座椅
材　　料：木、玻璃、环保涂料、萤石、不锈钢、聚乙烯塑料、甲藻、石材、再生尼龙织物
技　　术：太阳能发光系统、藻类发电系统

标识标牌

考虑到人与自然和谐共生的理念，标识系统的色彩选择以亲近自然的草绿色与木色为主；考虑到与自然环境相融合环保的理念，以及光的康复疗愈效果，材质选择上偏向木质、各色玻璃及环保涂料；考虑到节能环保可持续的原则，设计采用能耗低并且利用自然能源的光能系统，主要选择自发光萤石材料（白天吸收能量，晚上释放光）、太阳能发光系统和藻类发电系统。

艺术小品

雕塑全貌为蝴蝶状，寓意古美自这块土地而生，破土而出，并且在不断成长、发展、变美。不同破土阶段形态的雕塑具有叙事性，可激发游客的好奇心，引导其一步步走完流线。

蝴蝶雕塑顺应古美公园的蝴蝶主题，花纹融合古美字样呈现。整体以木材为主，蝴蝶中部和镶边为不锈钢材料，增添未来感。蝴蝶花纹镂空处，为藻类发电 LED 盒，LED 灯由一个小气泵激活，以疏水性材料做成一个迷你发电室，当藻类生长旺盛的时候，就会释放出氧气，给里面的 LED 灯供电。

蝴蝶景观灯结合藻类打造在空中飞舞的夜光蝴蝶群意象，创造一个能聚集人流的打卡点。单体顺应古美公园主打的蝴蝶主题，为简易的蝴蝶造型。

再将多个单体在山坡上高矮不一地随机放置，组合成群，整体走势呈波浪状。

路灯主体容器外壳为由聚乙烯塑料，里面装着可以进行生物发光的甲藻，这些活的有机体能吸收太阳光，只要每 1~3 个月给它们投放食物，并进行合理照料，就能长久生存下去。底部支撑杆为黑钛磨砂不锈钢，使主体能在黑暗环境中实现"漂浮"的视觉效果。

"水面上栖息的蝴蝶"顺应古美公园主打的蝴蝶主题，雕塑整体为透明聚乙烯塑料，底座为长条中空囊，维持雕塑平衡和漂浮。在公园湖面上随意放置，让其随波逐流，具有随机性和动态美；还可在湖岸边局部固定放置，美化滨水景观，活跃公园湖岸，也与水中漂浮的单体呼应，吸引人们在岸边驻足欣赏。

垃圾桶

垃圾桶的外壁上吸附着若干可发光的蝴蝶剪影。两侧抽象提取的蝴蝶翅膀是对垃圾桶拉手的设计，环卫工人可以通过直接拉开蝴蝶翅膀来更换垃圾袋。整体造型都是提取自蝴蝶形态，用曲线去回应古美公园古朴的生态人文气息。整体材料采用的是金属，具有耐脏、易清洁的特性；垃圾桶外壁采用木头材质，与公园环境相契合；发光的蝴蝶剪影采用萤石等发光材质的粉末制成。

导向标识系统

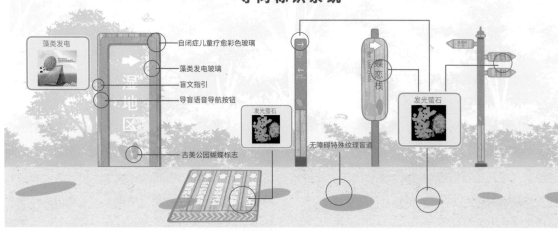

藻类发电
自闭症儿童疗愈彩色玻璃
藻类发电玻璃
盲文指引
导盲语音导航按钮
古美公园蝴蝶标志
发光萤石
无障碍特殊纹理盲道
蝶恋栈
发光萤石

图1
导向标识系统

藻类发电
蝴蝶图案植物科普牌
自闭症儿童疗愈彩色玻璃
藻类发电玻璃
盲文指引
导盲语音导航按钮
太阳能板 Light
以定制蝴蝶插图和大型激光切割面板描绘蝴蝶生活
古美公园蝴蝶标志
发光萤石

科普区将成人与儿童分开考虑，制作大小不一的亲子科普牌，简介文字的难易程度亦适配不同年龄层的游客

图2
说明标识系统

正视图（夜景）

藻类发电LED盒详图

图3
蝴蝶雕塑正视图及藻类发电LED盒详图

顶视图　　正视图　　侧视图

图5
水面上栖息的蝴蝶三视图

顶视图　　正视图　　侧视图　　侧视图（夜景）

图4
蝴蝶景观灯三视图及夜景侧视图

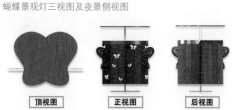

顶视图　　正视图　　后视图　　轴测图

图6
蝴蝶垃圾桶三视及轴测图

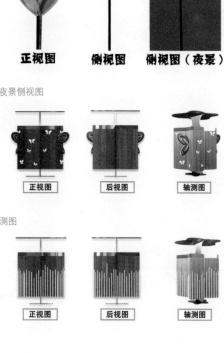

顶视图　　正视图　　后视图　　轴测图

图7
水纹垃圾桶

白天，整个蝴蝶垃圾桶以一种简单、朴素的形象立在公园内；晚上，在四周都变成漆黑一边时，蝴蝶剪影开始发光，犹如一只只蝴蝶在草丛间飞舞，是一种视觉上的享受。

水纹垃圾桶将萤石等发光材料制成的、形似湖水上下波动的条纹形状吸附在垃圾桶的外壁上。整体材料采用金属，具有耐脏、易清洁的特性；垃圾桶外壁采用木头，能与公园环境相契合；发光的水纹竖条是采用萤石等粉末制成，在夜晚，发光的水纹剪影随着人们的动态步伐的移动而熠熠流动。

景观座椅

古美公园系列景观座椅根据蝴蝶的四个生长过程"受精卵、幼虫、蛹、成虫"提出了设计理念"诞生、成长、化茧、蝶变"，设计出了四种不同造型的景观座椅，并依次对应公园的四个功能分区。

作为景观序列的伊始，石凳由树叶元素提取而成，代表承载蝴蝶卵的树叶，象征蝴蝶的诞生。石凳顶面斜切的纹路由叶脉变形而成，采用不同材质以增加变化。石凳避免了较为尖锐的边缘，增加了

安全性。整体材料以石材为主，顶面的斜切纹路采用大理石、不锈钢、发光萤石相结合。不锈钢条能在阳光照耀下形成一定的反光效果；晚上石凳上的萤石条开始发光，营造出静谧美观的氛围。

"化茧"主题组合长椅是系列景观座椅中最大型的，多布置在游览序列的高潮段。长椅内外两侧都有休憩观景的功能，长椅的波浪状椅背围合出一个个私密的小空间，便于游人休憩、闲谈。整体材料以金属、木材、有机玻璃为主，椅背为混合萤石粉末的玻璃，能在夜晚发出柔光。长椅内外两侧营造出不同的空间氛围，内侧私密，外侧开阔，观景视野良好。

"蝶变"主题座椅由蝴蝶形象提取而成，是蝴蝶的最终生命形态。蝴蝶座椅也布置在公园湿地涵养区附近的园路两旁。湿地涵养区的植物组团搭配丰富、色彩鲜艳，与艺术小品相结合，营造出蝴蝶在树丛、花丛中飞舞的美丽画面。整体材料以木材和玻璃为主，座椅两侧设有灯带，座凳部分铺有浅绿色再生尼龙织物坐垫。蝴蝶形座凳与艺术小品交相呼应，和谐地融入周围环境。座椅两侧的灯带勾勒出蝴蝶双翼的轮廓，在夜晚形成亮眼的景观。

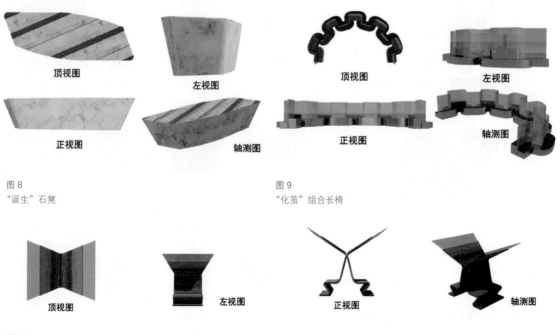

图 8
"诞生"石凳

图 9
"化茧"组合长椅

图 10
"蝶变"蝴蝶座椅

编之域

Realm of Weaving

优秀奖作品
Excellence Award

项目信息

设计团队：武嘉心、李媛怿、胡宸瑜
设计单位：上海外国语大学贤达经济人文学院
设计品类：候车亭、休闲座椅、护栏花箱、景观灯
材　　料：玻璃、木、LED、金属

本项目选在古美公园 1 号出口广场处，主要设计了候车亭、休闲座椅、护栏花箱和城市照明四个点位。整体设计贯穿闵行传统技艺——钩针编织技艺。通过提取编织元素并进行拆分重组，结合上海科技化大都市的定位，设计了科技化设施。同时，融入当代年轻人对交互性的需求，旨在打造一组兼具科技和交互功能、适合上海城市环境的城市家具设计。该设计将传统与现代相结合，追求创新与实用，在满足公园使用者需求的同时，也为周边居民和游客提供舒适和便利。

候车亭作为主体，以其弯折的曲面构成半围合的空间，呈现出一种流动且连续的空间感。其侧面巧妙地运用编织元素形成格栅，既具有空间分割的功能，又能引导视线，使得整体空间更具有层次感

和动态感。此外，以弧面柱体作为支撑结构，巧妙地将屋顶撑起，形成一个轻盈通透的灰空间，营造出舒适与开阔的氛围。

休闲座椅与护栏花箱的设计也别具匠心。采用起伏、弯曲、翻卷等曲面处理技巧，座椅由一个平面自然地卷折而成，并形成支座和椅面的完美结合。而花箱同样通过对平面进行弯曲处理，形成了起伏的线条，呈现出山丘状，使整体景观更具有动感与生气。

在景观灯的设计方面，采用了简洁的白色线条，巧妙地融入绿化带中，夜晚时形成跃动的光弧，为整个空间增色不少。这组设计精妙地结合了曲线、曲面和编织元素，充分展现了钩针编织技艺的柔软性和延展度，为古美公园 1 号出口广场带来了独特且富有艺术感的景观氛围。

图 1
候车亭效果图

图 2
休闲座椅与护栏花箱效果图 1

图 3
休闲座椅与护栏花箱效果图 2

图 4
休闲座椅、护栏花箱、景观灯效果图

图 5
景观灯夜景效果图

蝴芽计划

Butterfly Bud Project

优秀奖作品
Excellence Award

项目信息

设计团队: 王文涛
设计单位: 1602 建筑事务所
设计品类: 艺术小品、照明、候车亭、休闲座椅、健身器材、贩卖机
材　　料: 轻钢结构、仿木纹金属
技　　术: 智能数控物联网体系

随着社会的不断发展，人民物质生活水平的提高，城市家具需要面临新的升级迭代，旧城市家具已经不能满足人民的需求。那么，什么样的城市家具符合当今社会的需求？新的城市家具的突破点又在哪里？设计试图站在城市和互联网的角度思考问题，结合当下共享经济的时代背景，将目标人群不仅仅定义为古美社区在地居民，还有千千万万的互联网虚拟用户，由此提出一个大胆的构想，策划了一场认养计划。由政府＋企业＋个人三种类型团体代表的线上用户，加上以古美居民代表的线下用户，实现线上线下全民参与的模式，彼此互利共赢，联结在一起。

在造型层面，设计从古美公园蝴蝶和绿芽中汲取灵感，体现并传承古美公园文化之余，也是为古美路街道创造一个 IP 话题；在深化层面，单元的模块形式成为首选，它不仅适用线上用户的多元化需求，更适用于古美路街道复杂的环境。设计最终提供六个种子模块——小品、座椅、休闲、运动、视觉、售卖，并通过线上认养和线下体验活动使古美居民和千万网络用户拥有彼此产生联结的可能性。

图 1
设计策略

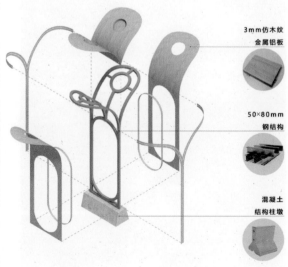

图 2
基本形态构造拆解图

3mm 仿木纹
金属铝板

50×80mm
钢结构

混凝土
结构柱墩

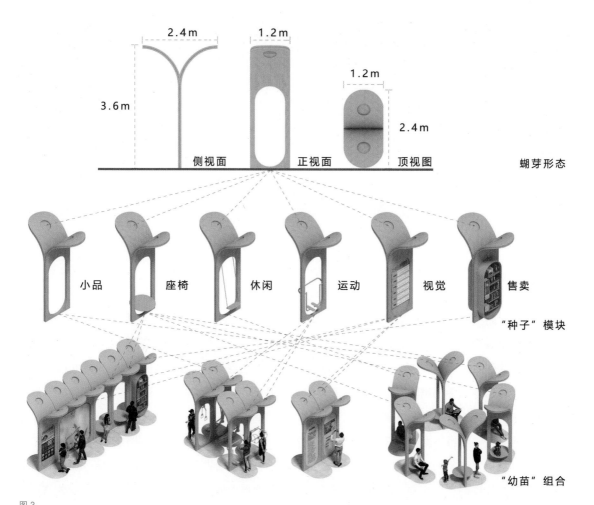

图 3

蝴芽三视图，"种子"模块及"幼苗"组合

图 4

蝴芽单体侧视效果图

图 5

蝴芽单体正视效果图

图 6
座椅效果图

图 7
公交车候车亭效果图

图 8
口袋公园效果图

图 9
运动健身场效果图

图 10
单元模块组合透视效果图

鹭影翩跹 美至闵行

Graceful Egrets Dancing, Beauty Embodies Minhang

优秀奖作品
Excellence Award

项目信息

设计团队：陈佳仪、贾凯莱
设计单位：厦门大学
设计品类：艺术装置、标识标牌，垃圾桶
材　　料：压铸铝、镀锌板、超白玻璃
技　　术：柔性薄膜太阳能发电板，辅助技术包括红外感应技术、机械传动技术、LED 节能照明技术

设计的造型灵感源于生活在古美公园中常见的标志性鸟类——鹭鸟。装置核心技术为柔性薄膜太阳能发电板，辅助技术包括红外感应技术、机械传动技术、LED 节能照明技术等。主要材料为压铸铝、镀锌板、超白玻璃等。技术与选材配合使用，既使城市家具具备基本功能，又可推动城市绿色运营效率，减少使用阶段的环境影响，引领绿色节能发展。

艺术装置以鹭鸟为原形，模拟其姿态生成群体动态雕塑。该装置装载柔性太阳能薄膜电池，在晴朗的白天发电，电能存储于电池组中，供雕塑在夜晚运行。夜晚降临时，翼板上的装饰灯带亮起，当装置支撑杆上的红外感应器感应到装置下有人驻留时，支撑杆端的电机驱动传动轴运动，使翼板缓慢旋转，当人离开时停止。这种交互体验带来的趣味能吸引更多人使用，并加强人与城市家具的情感联系，有效提高人们对场所空间的体验感和参与度。

城市照明与标识标牌采用系统化设计思路，由节能路灯和标识标牌两个部分组合而成，根据具体需要灵活配置，减少工厂开模量，尽可能节约生产成本，同时保持公园照明的协调统一。节能路灯造型来自公园内生活的鹭鸟，经抽象变形后形成以直线为主的简洁造型。标识标牌呼应整体设计的简洁风格，以小组件的形式安装于路灯灯杆上。装置顶部覆盖有柔性太阳能薄膜电池，用于照明供电。

垃圾箱采用系统化设计思路，与照明、标识标牌构成系统，具有单体路灯、单体垃圾箱、垃圾箱与路灯一体化、标识标牌与路灯一体化的组合形式，根据具体需要灵活配置。垃圾箱顶部覆盖有柔性太阳能薄膜电池，用于灯带供电。

图 1
艺术装置效果图

图 2
艺术装置鸟瞰效果图

图 3
标识标牌和节能路灯效果图

图 4
垃圾箱效果图

206

蝶连忘返

Butterflies Wander Unceasingly

优秀奖作品
Excellence Award

项目信息

设计团队：王达、童星瑜、从戎
设计单位：上海工程技术大学艺术设计学院
设计品类：艺术雕塑、艺术装置
材　　料：玻璃、LED、金属、可再生材料等
技　　术：数字互动技术、雨水循环系统

设计定位

设计目标以满足家庭亲子互动、周末游玩、放学一小时活动圈体育活动、户外兴趣培养与自然探索等需求为主，兼顾满足中老年群体晨练、乐器演奏、广场舞活动以及无障碍通行等需求，进而增强公园社交功能，促进邻里和谐。在 15 分钟生活圈中营造市民相聚交流的社交场景，创造老幼相扶、代际相融的和谐场景。设计引文化入公园，让城市可阅读，使"空间"充满记忆点，由此带给人难忘的文化体验。通过活动与内容的植入，使古美公园成为服务周边社区的生活综合体，使古美成为更多居民惬意生活、休闲、娱乐、学习、探索的美好家园。

用户研究

古美公园毗邻万源城开商务区，以南为复旦大学附属儿科医院、上海戏剧学院莲花路校区，其余三面为新时代花园、新时代富嘉花园、万源城御溪、万源城尚郡等居民住宅区半环绕。用户群体主要包括亲子家庭、中老年人、城市新青年等。中老年人是公园里活动的主体人群，无论是周一到周五还是周末都常能看到他们的身影。中年人在周一至周五的上班时段较少出现，但在下午时会有人出来运动，而到傍晚时分则会有很多人出来饭后散步，周末则活动人数大量增加，多数带着孩子。年轻人在周末人数较多，或热衷于游乐设施，或坐在安静的角落聊天。儿童在周末人数很多，多由家长陪同，热衷于游乐设施和探险活动，部分低龄儿童坐在婴儿车内。

创意描述

庄周梦蝶的故事讲述了庄周梦见自己化成蝴蝶逍遥自在，醒来仍觉流连的故事。方案将蝴蝶作为设计元素贯穿其中。蝴蝶象征着自由、美丽，毛毛虫破茧化蝶，是一次升华，也是一场蜕变。蝴蝶是美丽的昆虫，被人们誉为会飞的花朵，中国传统文学常把双飞的蝴蝶作为自由恋爱的象征，给人一种活力自由、充满希望的感觉。蝴蝶也与公园 logo 相衬，方案以"蝶连忘返"为题，希望通过设计将公园打造成令人向往的美好场所。在场地里游走，特色湿地景观、嬉戏的彩蝶、新奇的艺术装置，使人感觉时间也慢了下来，像是进入梦中世界。设计分为三个部分：蝶恋花、蝶舞（艺术雕塑），蝶梦水榭（艺术装置）。

"蝶恋花"以蝴蝶和花瓣为基本元素，分别幻化成蝴蝶的左翼和右翼，蝴蝶的触须演变成雕塑的照明装置，将蝴蝶的左翼和右翼重叠，照明装置穿插其中，塑造成蝴蝶翩翩起舞的造型。装置设置雨水收集系统，成为公园植物灌溉水源。

207

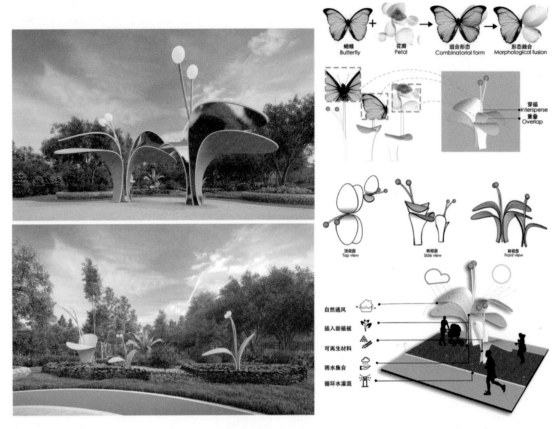

图 1
"蝶恋花"概念生成、三视图、形态构造及效果图

图 2
"蝶舞"效果图 1

"蝶梦水榭"是湖心水上绿洲展演平台，以实际功能需求作为切入点，集日常展览、定期舞台展演活动、知识科普等功能于一体，平台造型元素取自古美公园主题——蝴蝶，平台上方设置的蝶翼雕塑与主题相呼应，同时造型设计充分考虑与平台结合，从旁观看时，停在平台上的蝴蝶雕塑仿佛变幻为平台的鱼尾，整个平台仿若湖中游鱼，营造出灵动梦幻的意境。

在知识科普功能方面，平台设置蝴蝶科普装置，该装置由多个模块化亚克力蝴蝶标本单元构成，内部设置 LED 灯带，同时装置由中轴固定，每个单元模块可旋转，供观众 360° 观看展品。在日常展览功能方面，平台外侧一周设置智能交互电子屏，内容可随时变化，减少了常规布展对于自然环境的破坏，观众亦可与屏幕互动。

图 3
"蝶舞"效果图 2

图 4
"蝶梦水榭"效果图

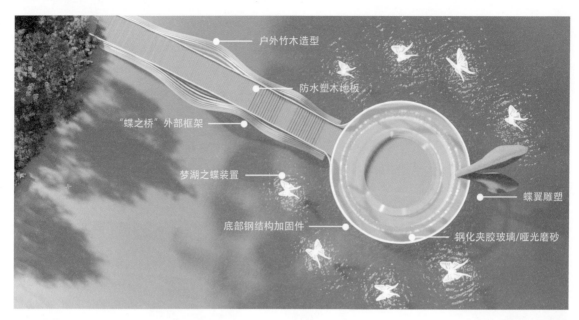

户外竹木造型

防水塑木地板

"蝶之桥"外部框架

梦湖之蝶装置

蝶翼雕塑

底部钢结构加固件

钢化夹胶玻璃/哑光磨砂

图 5
"蝶梦水榭"平面布置图

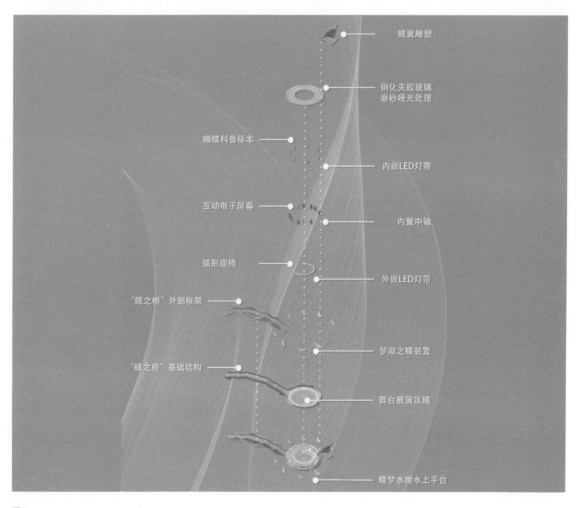

蝶翼雕塑

钢化夹胶玻璃
磨砂哑光处理

蝴蝶科普标本

内嵌LED灯带

互动电子屏幕

内置中轴

弧形座椅

外嵌LED灯带

"蝶之桥"外部框架

梦湖之蝶装置

"蝶之桥"基础结构

舞台展演区域

蝶梦水榭水上平台

图 6
"蝶梦水榭"逐层解构分析图

陌里玉兰开　沪上百蝶过

Yulan Magnolia Blooms in the Lane, Countless Butterflies Flutter in Shanghai

优秀奖作品
Excellence Award

项目信息
设计团队：施玥、毛沈玥、肖雨鑫、王睿、杨志惠
设计单位：天津美术学院
设计品类：公交车候车亭、座椅、垃圾桶、路灯
材　　料：U 型玻璃、金属、太阳能板、塑料、不锈钢
技　　术：太阳能

　　基于古美公园对于公共座椅、花坛、灯具、垃圾桶、公交车站的创新需求，设计团队针对本区域公共设施设计老旧无法满足社会审美需求，提出了以蝶形、玉兰、旗袍为基础形象的套系城市家具方案。本套城市家具通过对地域、公园定位、居民诉求、审美需要的背景调研，以简洁流畅曲线形象来解决这一难题。基于对身心障碍者的关怀，进一步完善其设计思路，最后设计出这套古美公园城市家具。

背景调研

　　闵行区位于上海市地域腹部，形似"钥匙"。闵行古美公园致力于打造一个综合性的社区公园，吸引不同年龄、不同兴趣的人群，推进建设公共空间可持续发展的生态系统。

　　古美公园是古美路街道最大的社区公园，为近10万居民提供休闲、娱乐和健身场所，亦是改善生态和人居环境，打造温馨、和谐、幸福生活社区的重要组成部分。古美公园主要活动群体是老年人，需注重人文关怀；家庭休闲需求大，需要关注养宠物的群众；同时需要统一协调公园各部分呈现出的风格，体现出整体和谐的美感。

设计定位

　　设计期望能表达人文关怀，凸显本地特色，回应老、幼、病、孕、身心障碍者等群体需求。跟随时代审美，利用新能源的同时提升设计成品的实用价值，使之符合人体工程学，打造健康、协调、具有温馨氛围及古美特色的城市家具。以蝶状湿地为灵感对象，设计强调人地和谐、自然共生，充分考虑湿地公园影响，与自然相连接，尽力确保最小化负面环境效应。

设计理念

　　公交车站设计提取了公园"蝶"状湖的优美曲线。车站的正面形态是对蝴蝶的抽象化诠释，以纤细的支柱、巨大的弧线顶面为主视觉，整个车站如同一只唯美的蝴蝶轻巧地停驻在公园边。车站以半透明 U 型玻璃为主要材料，辅以白色光面金属。车站地面铺太阳能板储能电池，在夜间可以利用其储能发光。

　　上海市市标是以市花白玉兰、沙船和螺旋桨三者组成的三角形图案。三角形，寓意稳定、灵敏而尖锐。花坛座椅从稳定的三角入手，将上部折叠下来，将正面与侧面尖角柔化为曲线，一个稳

211

图 1
公交车站候车亭效果图

图 2
座椅三视图

固的三角形形态就形成了。座椅两侧的座位区域，又以蝶形的双翅展开，形成可以容纳一家三口充分休息的空间。中间部位与花坛结合，线条流畅的花坛增进了人与自然的联系。花坛座椅以偏向土黄的黄色磨砂金属为主，表面为同色塑料涂层保障使用者的触感体验。

垃圾桶取形玉兰，将开时形如灯盏，花瓣相互包围。其上部微微延展，包裹性强，具有垃圾桶所需的基本形态功能。不同层花瓣的展开空间，可以承担垃圾桶的分类空间功能。形态适当弯曲，合理地分配垃圾分类空间。从中心向外，分别是厨余垃圾、

可回收垃圾、其他垃圾。最外层底部探出一瓣"花瓣"，作为宠物排泄物收集空间。垃圾桶的形象造型与湿地公园的繁茂植物巧妙地融为一体。垃圾桶整体使用磨砂不锈钢材质，在右瓣采用彩钢，以收集可回收垃圾，保障废物的合理回收利用。

路灯设计中，玉兰元素亦被使用，形态如同一支花杆亭亭玉立。敞开的顶部使灯光洒下，外形线条流畅，将金属外壳"轻挂"在灯芯周围；柱身的裂隙取形自海派旗袍的开衩，使顶部的光线流淌而下。集柔美与刚毅于一体，路灯材质选择米白偏淡紫的不锈钢材质。

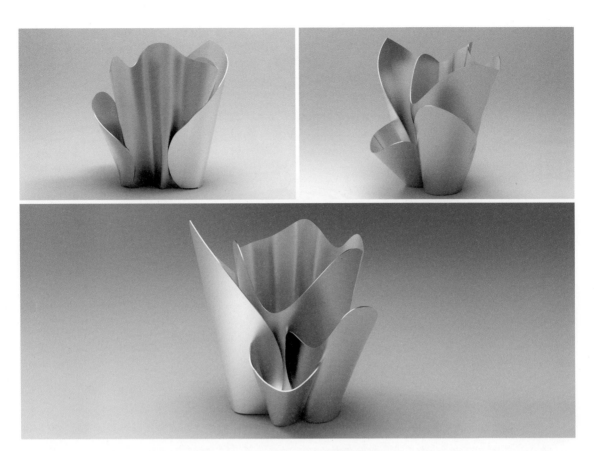

图 3
垃圾桶效果图

图 4
长灯效果图

图 5
筒灯效果图

213

蝶韵空间

Butterfly Harmony Space

优秀奖作品
Excellence Award

项目信息

设计团队：樊天华、毛文杰、金嘉莹、顾宇、钱昊阳
设计单位：上海立达学院
设计品类：景观滑梯、廊亭、景观照明、垃圾桶
材　　料：金属、大理石、玻璃、混凝土等
技　　术：荧光

"艺术品是城市的代表、美感的体现。"

在设计前期的实地调研中，团队前后多次前往园区进行调研并询问园内游客。经考察，团队发现游客的组成以中老年人和亲子家庭为主，其中古美公园周边居民的占比较高，多数游客不清楚古美公园的"蝶"元素，并提出座椅、亭子、垃圾桶和厕所等公共设施较少。作为回应，设计旨在创作出既可以让游客满意的公共设施，又可以让游客记忆深刻的"实用、坚固、美观"的设计品，同时，设计也将增加功能性的城市照明、垃圾桶、景观设计品等纳入目标。

在设计早期，我们阅览了上千种蝴蝶的标本以获取设计灵感，并对蝴蝶形态进行解构，对其生态习性进行分析。设计将各种颜色的蝴蝶点缀在草坪上，按其破茧成蝶的成长轨迹，以毛毛虫、蛹、蝴蝶的三个阶段展开设计，在寓教于乐中激发孩子对大自然知识的探索与求知欲，让孩子们在玩耍中实现自我认知与拓展。团队把这一元素融入设计，期待设计成品不仅能体现"蝶"之美，还能体现"蝶"的生命意义。

公园是城市的风景，是城市美观及文化的体现，城市公园不仅仅有增加绿化、塑造城市生态、景观的作用，在快节奏的城市生活中，公园也承担着帮助市民身心放松、回归自然世界和促进社会交往等功能。设计将"蝶"元素融入古美公园小广场、健身器材、儿童游乐场等各个部分，使公园焕发更多生命力，期待能吸引更多儿童、青年、中老年游客来古美公园游憩交往。

"蝶栖"景观滑梯选址定位在古美公园入口附近的娱乐休闲空间内，"蝶栖"的设计灵感源于蝴蝶的演变，运用橘红色调，增加了园区色彩丰富度，对儿童富有吸引力，可作为古美公园的标志物，其底部为透水地坪，有许多连通的孔隙，可以透水和透气。

当游客离开门口大厅，进入室外露台的"蝶梦廊"驻足休憩，能感受到不同的自然景致。廊亭整体犹如一只蝴蝶在花蕊采蜜，现代简约风格的廊亭以钢结构为主要框架，再搭配棕色格栅和白色大理石，用料考究而简洁，追求运用简洁的线条勾勒出物体的纯粹美。茂盛的树木、独簇的小型灌木、多年生草本植物布满公园，花朵轮流开放，使得这里在整个花季宛如一座令人心旷神怡的大花园，而带有观赏价值的草本植物则在冬季呈现出不同的风情。

团队为生态荷花池边的健身步道设计了"依荷韵"照明灯，精心的形态构成设计成就了多角度的

图 1
"蝶栖"景观滑梯手绘效果图

图 2
"依荷韵"照明灯概念生成及手绘效果图

图 3
"蝶梦廊"立面效果图

图 4
"蝶梦廊"鸟瞰效果图

图 5
"星玉桶"垃圾桶正视图

图 6
"星玉桶"垃圾桶效果图

景观视野。为了减少人工铺装的面积，大多数人行步道都是由掩映在草地中的混凝土板构成的，这种设置为使用者提供了凉爽宜人的休闲环境。

"星玉桶"垃圾桶采用玻璃材质，饰以各式单色或双色渐变的荧光蝴蝶。其框架主要为钢板、不锈钢、铸铝等材质，耐用性高，且破损后能回收利用，对于公园这种暴露在空气、水、酸、碱、化学物质腐蚀度较高的公共场所较为适合。由蝴蝶元素装饰的垃圾桶外形美观，在夜晚可开启发光功能，如生动的蝴蝶在夜晚闪闪发光。

215

蝶梦无边

Boundless Butterfly Dream

优秀奖作品
Excellence Award

项目信息

<u>设计团队</u>：白茜、戴瑶、李姝颖
<u>设计单位</u>：燕京理工学院
<u>设计品类</u>：候车亭、水上艺术装置、座椅垃圾桶
<u>材　料</u>：不锈钢、钢化玻璃、碳钢板、PVC
<u>技　术</u>：数字交互、太阳能发电储能

　　设计以蝴蝶和白玉兰为主题元素，蝴蝶元素提取自古美公园，古美公园是以蝴蝶为主题的湿地生态公园，公园湖泊为蝴蝶形状，另一元素选定白玉兰，则因其为上海市市花。主题名字为蝶梦无边，源自《庄子·齐物论》："昔者庄周梦为胡蝶，栩栩然胡蝶也，自喻适志与！不知周也。俄然觉，则蘧蘧然周也。不知周之梦为胡蝶与，胡蝶之梦为周与？

周与胡蝶，则必有分矣。此之谓物化。"后以"蝶梦"喻迷离惝恍的梦境，亦指超然物外的玄想心境。

　　设计主要以公交候车亭、古美公园水上装置、座椅、垃圾桶为主，公交车站以蝴蝶为造型元素，融入公共无线网络、智能充电插座等科技元素，彰显智能化科技感。座椅是白玉兰和蝴蝶形状，同时结合生态绿色元素，既可种植绿植美化环境，也可以让人驻足欣赏。

图 1
区位分析

图 2
道路分析

图 3
植物分析

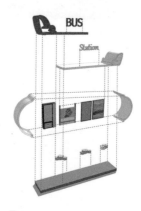

图 4
公交车候车亭爆炸图

216

图 5
公交车候车亭效果图

图 6
公交车候车亭夜景效果图

图 7
水上艺术装饰效果图

图 8
座椅效果图

图 9
垃圾桶效果图

历经四个多月的紧密进程，首届"古美杯"闵行区城市家具创意设计大赛已经成功落下帷幕，赛事共计有 76 个设计团队参与、35 所高校参赛、262 件作品诞生、162420 次实名投票、507564 次点击量、71800 人次群众参与、45 家企业考察、25 家媒体报道、24 次社区巡展、15 次论坛。这是中国第一个由基层街道主办和承办，以城市家具的系统设计为内容的大赛，旨在鼓励创新和可持续的城市家具设计，努力打造"诗意浪漫，有时尚风、烟火气的城市社区会客厅"和现代化主城区建设先行示范区。

多维时空蝶变

正如破茧羽化的蝶变，衍生出蝴蝶振翅的效应，设计大赛的后续影响既关联古美路街道社区空间的更新与发展，又带动闵行城市家具设计产业的布局与落地，还将引领上海乃至全国城市家具行业的建设示范和标准制定。在文化、时间、空间和业态等层面产生多元、多维、立体的辐射效应。

首届"古美杯"闵行区城市家具创意设计大赛作为重要契机，承载着古美地区对城市家具设计产业的前瞻性思考和全盘化布局。通过设计竞赛的形式，邀请到国内城市家具设计行业顶尖专家、学者提供指导与建议，形成古美城市空间品质提升智囊团和专家库；汇聚了优秀城市家具设计单位、团队、人才的参与和合作，组建社区更新设计联盟，组织社区设计师沙龙，打造设计师会客厅和大师孵化器；吸引了优质城市家具设计企业、机构共同搭建合作平台，推动产业转型升级。

大赛为选手提供了展现设计创意的优质平台，将这些创意落地实现则是确保城市空间有效更新、城市家具产业持续发展的可靠途径。目前古美正着力打造"闵行区城市家具公园""城市家具双年展"和"城市更新示范街区"，建设"城市家具设计园区""青年创业园区"和"可持续发展产学研用平台"。

古美路街道还规划每两年举办一次"古美杯"闵行区城市家具创意设计大赛，汇聚更多智慧，吸引更多专业力量参与城市更新，并实现优秀作品落地，推进城市家具产业化发展，把"古美杯"大赛的宣传效应转变为"环境美化、产业发展、创业蓬勃、生活温暖"的经济社会效应。

城市家具公园

古美公园于 2023 年 7 月 14 日开启新篇章，正式升级为"闵行区城市家具公园"。作为全国首个城市家具主题公园，这里不仅是一座市民休闲公园，更是一处了解城市家具发展历史、欣赏城市家具艺术的特色公共空间。

目前，古美已从大赛作品中精心挑选 50 类 130 件优秀作品，将陆续布置在公园的道路、绿地等公共空间。首批约 60 件设计独特的城市家具，已安放在公园北侧线路，类型涵盖艺术装置、路灯、座椅等，各类家具都被巧妙融入公园基础设施。

公园南侧线路也将陆续安放约 70 件城市家具。到 2023 年底，城市家具公园将形成以"蝶湖"为中心的城市家具游览线路。随着闵行城市家具公园的落地，古美将进一步打造城市更新示范街区，用城市家具连接家和社区，营造以"回家之路"为名的美丽街区场景。

　　未来，古美路街道将呈现更多不同理念与风格的城市家具，在街道全域范围建设美街、美景和美意交汇的"中国城市家具"泛公园，形成独有特色的"五个第一"，包括"中国城市家具"博物馆式泛公园、"中国城市家具"知识普及泛公园、"中国城市家具"系统化建设示范泛公园、"中国城市家具"展览泛公园、"中国城市家具"国家标准化泛公园。

图 4
"古美杯"闵行区城市家具创意设计大赛评委论坛线上分享

图 5
主办方为"古美杯"闵行区城市家具创意设计大赛评委颁发聘书

图 6
"古美杯"闵行区城市家具创意设计大赛论坛合影

图 7
参赛选手勘察场地

从创意到创业

古美长期致力于创建可持续发展机制，从创意孵化到产业落地，古美采取了一系列举措，并通过规划和建设"两园区"和"一平台"来实现。

首先，古美将创建全国首个城市家具设计产业园，吸引城市家具国家标准制定机构、相关行业组织、城市家具大师工作室、城市家具龙头企业、城市家具专业设计顾问公司入驻；其次，策划设立古美城市家具青年创业园，引进同济大学、东华大学等高校学生创业团队，为创业者提供成本低、政策优、资源齐全、便捷高效、开放灵活的众创空间，通过这一举措，培育小微企业，推动创新、促进创业和就业；同时，致力搭建"政府＋企业＋社会组织＋研究机构"合作平台，集成"产学研用"于一体，实现多方共赢。

市场化、社会化、可持续的机制将成为推动城市家具产业发展的重要引擎，使城市家具既全方位融入居民日常生活的一部分，又作为一个全新的产业引领古美的整体发展和时空蝶变。

2023 年，古美路街道参与"上海城市空间艺术季"的相关展示、论坛交流、艺术体验等活动，为"世界城市日"和"世界设计之都大会"的示范案例提供鲜活素材，之后还将举办"古美杯"城市家具双年展，这是中国第一个以城市家具为主题的专业展览，将展示六大系统 56 类优秀城市家具实物。

古美路街道经过 23 年的快速发展，取得了令人瞩目的成绩，着力打造"创新开放、生态人文"的现代化主城区建设的先行示范区。秉持"人民城市人民建，人民城市为人民"重要理念的要求，以解决问题为导向，探索开展一些"居民感受度高、实际操作性强、社会反响好"的城市更新工作，点亮城市空间，温暖百姓生活，培育新兴产业，这里将成为一片转型升级和城市更新的热土。

图 8
评委论坛分享

图 9
闵行区委书记陈宇剑在
"古美杯"闵行区城市家
具创意设计大赛颁奖典礼
上发表讲话

图 10
清华大学首批文科资深教
授柳冠中在"古美杯"闵
行区城市家具创意设计大
赛颁奖典礼上发表讲话

图 11
参赛者终评答辩现场

图 12
评委会现场点评入围作品

图 16
"古美杯"闵行区城市家具创意设计大赛颁奖典礼合影

图 13
吴国欣在"古美杯"闵行区城市家具创意设计大赛颁奖典礼上发表讲话

图 14
陈宇剑为获奖选手颁奖

图 15
主办方与评委为获奖选手颁奖

图 17
闵行区城市家具公园正门

图 18
闵行区城市家具公园雕塑
与展示亭

图 19
闵行区城市家具公园展
示亭

229

图 20
闵行区城市家具公园休闲
座椅

图 21
闵行区城市家具公园标识
标牌

图 22
闵行区城市家具公园城市
家具发展史长廊

230

附录 A：大事记
Appendix A：Chronology

时间	事件
2022.10.15	"古美杯"闵行区城市家具创意设计大赛正式启动。 大赛宗旨：城市家具，让生活更温暖！
2022.11.05	主办方组织参与大赛的部分选手实地踏勘古美公园、万源路等设计场景。 随后前往漕河泾牌楼智谷科技园进行座谈，主办方介绍了古美路街道情况、参赛作品要求，回答选手问题，同选手交流考察感受。
2022.12.13	上外贤达学院师生赴古美公园实地勘察。 上海市城市更新研究会开展"走进古美"考察活动，协会下属30家企业参加考察。
2022.12.14	"古美杯"闵行区城市家具创意设计大赛举办论坛活动。 闵行区古美路街道党工委书记张伟麟发表论坛致辞，评委柳冠中、赵健、何晓佑、金江波、林迅、徐江、李哲虎、赵志勇、胡仁茂、吴国欣、丁伟等出席或通过网络发表论坛演讲。闵行区委宣传部部长胡明华发表讲话。
2023.12.31	"古美杯"闵行区城市家具创意设计大赛结束征稿。
2023.01.11	大赛共收到262份作品，经过评委团打分初评，共有40份作品进入线上公示及投票环节，线上投票于2023年1月11日0:00正式开始。
2023.01.31	线上公示及投票环节于2023年1月31日24:00正式结束。
2023.02.09	根据评委打分成绩以及线上投票结果，"古美杯"闵行区城市家具创意设计大赛决出优秀奖、入围奖。9个作品进入决赛，并面向社会开展巡展活动，设置互动环节，让观众欣赏作品之余，积极参与点评。
2023.02.18	"古美杯"闵行区城市家具创意设计大赛正式落下帷幕，9位决赛选手参与综评答辩，组委会和专家评委综合打分评选出大赛的一二三等奖项。
2023.03.28	古美路街道党工委书记张伟麟一行赴上海市城市更新研究会、上海先恩城市更新建设有限公司开展调查研究。以这次成功举办"古美杯"大赛为契机，深入推进古美的城市更新，推进实质性的项目落地。
2023.07.14	中国第一个以"城市家具"为主题的公园——闵行城市家具公园在古美路街道正式揭牌，首批60件在前期设计大赛中脱颖而出的城市家具集体亮相。未来将有130件作品落地公园。
2023.09.26—10.02	2023世界设计之都大会在上海黄浦滨江船舶馆举行。古美路街道作为唯一一个以街镇名义参展的单位，在"设计嘉年华-f户外区"展示，主题为"城市家具，让生活更温暖！"。展示作品主要围绕"古美杯"闵行区城市家具创意设计大赛、闵行城市家具公园、古美城市家具设计产业园区（创业园）、城市家具设计书籍、城市家具建设导则制订等一系列成果。
2023.10.30	上海国际城市与建筑博览会"上海国际城市家具展"在上海世博展览馆举行。古美路街道作为大会唯一的参展街镇，汇聚行业协会和标杆企业，为大家呈现了一场精彩纷呈的城市家具产业论坛。会上，古美城市家具创意设计产业园（孵化基地）——"一号具谷"正式揭牌，这也是上海第一个城市家具产业园区。

附录 B：媒体报道
Appendix B: Media Records

媒体	标题	时间
光明日报	上海首个城市家具产业园区在闵行揭牌	2023.10.31
人民日报	设计蓝图逐步互补转化为身边街景，闵行区这场设计盛会打造更有时尚风和烟火气的"城市社区会客厅"	2023.02.18
	全国首个城市家具主题公园落户闵行古美	2023.07.14
	促进城市家具产业发展，"一号具谷"落户上海闵行	2023.10.30
中国新闻网	设计如何赋能生活？"城市家具"为市民提供"社交连接"	2022.12.15
	设计赋能社区 上海首个以"城市家具"为主题的公园揭牌	2023.07.14
央广网	大咖齐聚畅谈"设计赋能生活"，未来 Ta 可能出现在你我的生活中……	2022.12.15
人民网	我们需要怎样的"城市家具"？兼具艺术性和烟火气，ta 们将出现在闵行	2023.01.04
青年报	城市家具创意设计大赛：让街头屋角的"烟火气"更美丽	2022.11.24
	未来的"一键叫车"还有哪些可能？	2023.09.27
经济参考报	上海闵行举行"古美杯"城市家具创意设计大赛	2022.12.15
潇湘晨报	"古美杯"设计大赛启动，最高奖金 5 万元，更有机会参评闵行当代工匠	2022.10.18
新浪网	上海闵行举行"古美杯"城市家具创意设计大赛	2022.12.15
	我们需要怎样的"城市家具"？兼具艺术性和烟火气，ta 们将出现在闵行	2023.01.04
网易	城市更新如何让广大老百姓受益？古美以调研开局，以破题为本	2023.03.28
腾讯网	最高奖金 5 万元，这个大赛期待你的参与	2022.10.17
澎湃新闻	手指点一点，一起来设计身边的"城市家具"！还有最高 50000 元奖金等你哦	2022.11.12
	"城市家具"如何绽放社区活力？专家想起了一组能奏乐的秋千	2022.12.14
	如何让社区空间更有烟火气？闵行城市家具创意大赛交出答卷	2023.02.18
	上海闵行城市家具公园揭牌，130 件城市家具布置其间	2023.07.14
文汇报	大咖齐聚，畅谈"设计赋能生活"，未来，Ta 可能出现在你我的生活中……	2022.12.14
	一场城市家具创意赛靓了街区热了产业	2023.07.15
文汇 APP	设计蓝图逐步转化为身边街景，闵行区这场设计盛会打造更有时尚风和烟火气的"城市社区会客厅"	2023.02.18
	从创意到创业！一场城市家具创意设计赛推动产业发展	2023.07.14
	全市首个城市家具产业园亮相上海国际城市与建筑博览会	2023.10.30
新民晚报	最高奖金 5 万元，这个大赛期待你的参与	2022.10.17
	设计会带来什么？这里正在举办城市家具大赛，今天还举办了论坛……	2022.12.14
	打造"城市社区会客厅"这场设计大赛有你喜欢的"转角点睛之笔"吗	2023.02.19

媒体	标题	时间
新民晚报	全国第一家"城市家具"公园诞生，就在——	2023.07.14
	上海第一个城市家具产业园区诞生，"一号具谷"亮相上海国际城市与建筑博览会	2023.10.31
新华网上海频道	设计赋能街区 "城市家具"主题公园亮相上海闵行	2023.07.16
上观新闻	最高奖金 50000 元！这项大赛期待你的参与	2022.10.15
	"古美杯"城市家具创意设计大赛有看点，多位名家来助阵	2022.12.06
	我们需要怎样的"城市家具"？兼具艺术性和烟火气，ta 们将出现在闵行街头	2022.12.15
	262 份作品，40 份入围！快来选出你心目中的"城市家具"	2023.02.11
	这场"城市家具"创意大赛，已决出优秀奖、入围奖！大奖揭晓在即	2023.02.09
	"让城市家具成为城区功能品质'形象大使'"闵行区城市家具创意设计大赛落幕	2023.02.18
	全国首个"城市家具"主题公园在沪开园，第一批 60 件城市家具今集体亮相	2023.07.14
	闵行古美开辟新赛道，沪上首个城市家具产业园"一号具谷"亮相	2023.10.31
东方网	实地踏勘、探寻创新，"古美杯"创意设计大赛的参赛者们有感而发……	2022.11.07
	"落脚点都是老百姓"闵行区举办城市家具创意设计大赛	2022.12.14
	设计蓝图逐步转化为身边街景，闵行区这场设计盛会打造更有时尚风和烟火气的"城市社区会客厅"	2023.02.18
	全国首家！闵行城市家具公园在古美路街道揭牌	2023.07.14
	古美路街道城市家具发展成果亮相世界设计之都大会	2023.09.26
看看新闻	全国首个"城市家具公园"落户闵行古美路街道（视频）	2023.07.14
劳动观察	让"城市社区会客厅"兼顾时尚风和烟火气！这群设计师将"蓝图"化为"街景"	2023.02.18
	中国首个城市家具公园亮相闵行，让百姓生活充满诗意、浪漫和烟火	2023.07.14
话匣子	"古美杯"闵行区城市家具创意设计大赛：让我们在转角遇见美与设计	2023.02.19
	全国"第一家"！闵行古美路街道揭牌国内首个城市家具主题公园	2023.07.14
	"一号具谷"亮相上海国际城市与建筑博览会，闵行古美开辟新赛道，上海第一个城市家具产业园区诞生！	2023.10.30
青春上海	从"蓝图"到"街景"，这个大赛为社区会客厅带来时尚风和烟火气	2023.02.20
	全国"第一家"，闵行城市家具公园来了	2023.07.14
周到上海	上海首个城市家具产业园区，在闵行诞生！	2023.10.31

媒体		标题	时间
学习强国	上海学习平台	全国首个"城市家具"主题公园在沪开园，第一批 60 件城市家具今集体亮相	2023.07.14
		我国首个城市家具"国家标准"发布，主创团队负责人鲍诗度作详解	2023.09.04
		推窗见绿、开门见园，在"上海市园林街镇"生活是什么感受？	2023.10.31
上海市闵行区广播电视台		"古美杯"城市家具创意设计大赛论坛，畅谈"设计赋能生活"	2022.12.20
		"古美杯"城市家具创意设计大赛落下帷幕	2023.2.20
今日闵行		"古美杯"城市家具创意设计大赛有看点，多位名家来助阵	2022.12.06
		我们需要怎样的"城市家具"？兼具艺术性和烟火气，ta 们将出现在闵行	2022.12.15
		这场"城市家具"创意大赛，已决出优秀奖、入围奖！大奖揭晓在即——	2023.02.09
		"人生一定要储备这 3 厘米"！中国工业设计之父、大师柳冠中在闵行演讲时为何这么说？	2023.02.19
		一个转角的点睛之笔、一个实用的细微设计……这场设计大赛成果或将成为身边街景	2023.02.19
		国内首个城市家具主题公园在闵行开园，130 件优秀作品正陆续落地	2023.07.14
		唯一一个！闵行古美亮相这个世界级大会！	2023.09.26
		上海首个城市家具产业园区，在闵行诞生！	2023.10.30
媒体看闵行		设计"蓝图"变身边"街景"！闵行版"城市社区会客厅"将这样呈现	2023.02.27
古美家园		报名不断、活动不停、名家云集、影响有力，"古美杯"城市家具创意设计大赛社会反响热烈	2022.12.08
古工普惠		实地踏勘、探寻创新，"古美杯"创意设计大赛的参赛者们有感而发……	2022.11.05

扫码可观看"古美杯"闵行区城市家具创意设计大赛相关精彩内容

致谢 Acknowledgements

"明月松间照，清泉石上流。"这是古人所追求的有关生活环境、外部氛围的一种至高而至朴的境界。美好的环境与美丽的心境，从来都是相辅相成、互为表里的。所以，从古至今，人们不断在内心扬弃、完善的同时，也在不遗余力地打造、装点他们共同的家园、共同的环境。

从举办首届"古美杯"闵行区城市家具创意设计大赛到本书付梓问世，其实我们依然在用心解答"美好的环境"与"美丽的心境"之间的联结、交融、相映生辉这道永恒的题目，以"城市家具"为切入口，尝试找到人与城市之间更好的关联，换言之，我们在尝试探索出一条人与城市双向温暖的新道路。

人们已经普遍达成共识，城市家具代表了一个城市真正的软实力，虽然它只是城市的某个细节，却浓墨重彩或是返璞归真地体现着城市温度、艺术格调和人文关怀。如果说城市更新是一个大概念，那么城市家具的创意更新就是其中实实在在、落细落小的生动体现。优秀的作品，能够经受住时间的洗礼，它们会成为人们驻足观看的艺术品以及津津乐道的话题。这也是编写本书的意义所在，提供一些可以复制的模式，或者是一个启发性的思路，让更多的人参与进来，更为多元化地思考并实践新时代的城市更新。

在此，诚挚感谢所有为本书出版付出辛勤努力和给予大力支持的人们，感谢你们群策群力，汇智汇情。在城市更新的广阔大道上，本书可能只是一缕微光，但我们相信，从古美出发，从闵行出发，"城市家具，让生活更温暖！"不再只是一场竞赛的口号，而是更多人的梦想和行动。

希望本书能让更多的人在优美宜居、连接心灵的城市空间和城市家具中，深切地感受到"此心安处是吾乡"！

图书在版编目（CIP）数据

城市家具设计驱动下的社区更新 : 首届"古美杯"
闵行区城市家具创意设计大赛实践思考录 / "古美杯"闵
行区城市家具创意设计大赛组委会主编 . -- 上海 : 同济
大学出版社 , 2023.12

ISBN 978-7-5765-1014-0

Ⅰ . ①城… Ⅱ . ①古… Ⅲ . ①家具 – 设计 – 作品集 –
中国 – 现代 Ⅳ . ① TS666.207

中国国家版本馆 CIP 数据核字 (2023) 第 254755 号

城市家具设计
驱动下的社区更新

首届"古美杯"闵行区
城市家具创意设计大赛实践思考录

"古美杯"闵行区城市家具创意设计大赛组委会　主编

出 品 人　金英伟
责任编辑　由爱华　朱笑黎
责任校对　徐春莲
装帧设计　张　微

出版发行　同济大学出版社 www.tongjipress.com.cn
　　　　　（地址：上海市四平路 1239 号　邮编：200092　电话：021 - 65985622）
经　　销　全国各地新华书店
印　　刷　上海安枫印务有限公司
开　　本　889mm×1194mm　1/16
印　　张　15
字　　数　311000
版　　次　2023 年 12 月第 1 版
印　　次　2023 年 12 月第 1 次印刷
书　　号　ISBN 978-7-5765-1014-0
定　　价　168.00 元